KB108055

80일간의
칵테일
세계 일주

한 잔의 칵테일에
얼마나 많은 뜻이 담겨 있을 수 있는지 보여 준
Elizabeth Caplice를 기억하며
이 책을 바칩니다.

80일간의
칵테일
세계 일주

CHAD PARKHILL
WITH ILLUSTRATIONS BY **ALICE OEHR**
성중용 번역 감수

아카데미북

CONTENTS

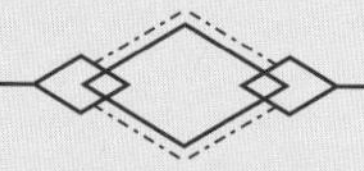

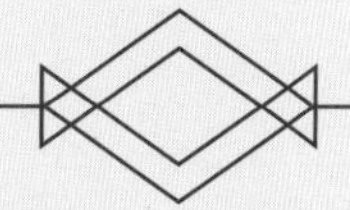

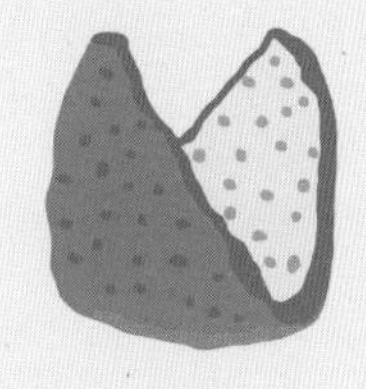

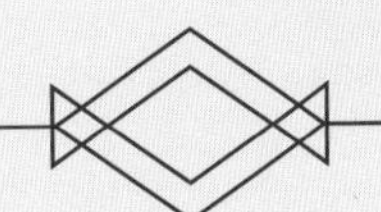

INTRODUCTION

칵테일 역사에 있어서 여행은 가장 중요한 부분이다. 초창기 칵테일들은 미국 위스키, 영국 진(원래는 네덜란드에서 탄생한), 캐러비안 럼, 프랑스 브랜디, 이탈리안 버무스, 스페인 셰리, 그리고 포르투갈 마데이라 등 다양한 재료를 사용하였다. 여행과 무역이 세상을 점점 더 가깝게 연결할수록 칵테일은 더욱 다양해지고 보편화되었다. 이제 전 세계의 바에서는 멕시코 테킬라와 메즈칼, 노르웨이 아쿠아비트, 페루 혹은 칠레 피스코, 일본 사케, 브라질 카샤사 그리고 중국 바이주 등 매우 다양한 재료를 사용하여 슬링 드링크를 만든다.

초창기 칵테일의 기원은 음료의 범주로 변화되는 과정이라고 보는 것이 적절하다. 음료 역사가인인 아니스타샤 밀러Anistatia Miller와 자레드 브라운Jared Brown에 의하면 '칵테일'이라는 단어가 처음 등장한 것은 1798년 영국의 신문 기사라고 한다. 불과 몇 년 후 이 단어는 대서양을 건너 19세기 동안 미국에서 번창하게 되고 여러 이야기와 경이롭고 환상적인 문화를 만들어 냈다. 1867년 파리 만국 박람회에서 아메리칸 바American Bar는 셰리 코블러를 찾는 파리지앵들을 만족시키기 위해 하루에 500병이 넘는 셰리를 사용했다. 미국에서 전설적인 바텐더 제리 토마스Jerry Thomas는 당시 부통령이었던 한니발 함린Hannibal Hamlin보다 더 강력한 영향력을 행사했다.

세상에 칵테일을 널리 퍼뜨린 것은 아이러니하게도 미국의 금주법이다. 미국 청교도의 '고결한 실험'으로 불리는 금주법은 1920년부터 1933년까지 미국 내의 알코올 소비를 제한하는 법이었다. 부유한 애주가들은 칵테일을 마시기 위해 파리, 런던 또는 하바나로 여행하였고, 미국에서 일자리를 잃은 바텐더들은 손님들을 따라 해외로 새로운 정착지를 찾았다. 비록 칵테일은 미국에서 치욕스럽게도 자신의 자리를 잃었지만, 이 고난의 시기를 통해서 미국 내에서의 생산되던 불법적이고 안전하지 않았던 밀조된 진과 다른 싸구려 술이 사라지는 계기가 되기도 하였다. 또한 세계적으로 칵테일이 꽃을 피울 수 있는 기회이기도 했다. 1933년 드디어 금주법이 해제되었고, 긍정적이든 부정적이든 칵테일 붐은 이제 세계적인 현상이 되었다.

칵테일의 세계화는 여러 장점을 가지게 되었고, 새로운 재료와 맛, 다양한 감성이 글라스에 담기기 시작하였다. 물론 모든 변화가 다 긍정적인 것만은 아니었다. 1970년대와 1980년대의 칵테일은, 섹스 온더 비치Sex on the Beach를 마셔 본 사람이라면 누구든지 이해할 수 있을 정도로 새롭지만, 유감스러운 형태를 보여 주기도 하였다. 20세기 중반 미국과 여러 나라에서 칵테일 암흑기를 거치면서, 세계의 몇몇 바텐더들은 금주법 이전 시대의 레시피와 테크닉을 다시 발굴하기 시작하였다. 일본의 바텐딩은 금주법 이전 시기의 바텐딩에서 벗어나 본 적이 없는, 일종의 타임 캡슐처럼 보존하는 역할을 하였다. 시럽 맛이 잔뜩 나는 보드카 베이스 음료가 판을 치던 미국에 클래식 바텐딩 문화가 다시금 소개되면서 크래프트 칵테일 르네상스가 시작되었다. 인터넷 덕분에 세계의 바텐더들은 자신들의 지식과 영감을 매우 쉽게 공유했으며 이제는 세계 어디서든 양질의 크래프트 칵테일을 찾을 수 있게 되었다.

이 책에서 19세기부터 21세기까지 칵테일의 여정을 좇아 볼 것이다. 80가지의 칵테일은 모두 각각의 장소와 직간접적으로 관계가 있다. 예를 들어, 마이 타이 같은 경우에는 타히티에서 만들어진 것이 아니지만, 타히티의 느낌을 내기 위해서 만든 칵테일인 만큼 관련이 있다고 보는 것이다. 그리고 각각의 장소는 칵테일의 역사에 영향을 준 곳들이다. 이에 흔히 접할 수 있는 80가지의 칵테일을 통해서 칵테일이 어떻게 변화하고 진화해 왔는지 보여 주고자 한다. 각 지역에서 어떠한 영향을 주고받았는지, 무엇보다도 가장 사랑 받는 칵테일 이야기를 풀어내며, 이 책을 통해 새롭게 알려진 클래식 칵테일을 보여 줄 것이다.

이 책을 활용하는 방법

레시피

이 책에 적힌 레시피는 곧이곧대로 받아들일 만한 칵테일의 최종 버전도 아니고, 역사적으로 가장 정확한 레시피도 아니다. 모든 바텐더들이 알다시피 고정 불변의 레시피란 없으며, 레시피는 여러 변수를 고려하여 항상 약간의 변형이 필요하다.

이 책에 실린 칵테일을 집에서 만들어 보면, 본인이 지닌 취향을 알게 되며, 제한된 재료들의 한계를 극복하여 창의적으로 넘어설 수 있는 방법들을 깨닫기 시작할 것이다. 레시피를 먼저 보고 고민한 다음, 자신만의 실험을 해 볼 수 있을 것이다. 무엇보다도, 클래식 칵테일은 어느 정도의 변형이 가해져도 자신의 정체성을 잃지 않는다는 특징을 가진다. 다만 재료 자체가 바뀐다면 클래식 칵테일도 본연의 모습에서 멀어질 수 있다는 것은 알아야 한다.

재료

칵테일을 만들기 위해 어떤 재료를 쓸 것인가는 전적으로 각자의 장소와 예산에 달려 있다. 주류 산업이 세계적인 산업이기는 하지만 그렇다고 모든 것을 어느 곳에서나 구할 수 있다는 뜻은 아니며, 이곳에서는 싼 것이 수입 관세와 조세 특수성 등으로 인해 다른 곳에서는 비싼 것이 되기도 한다. 이러한 이유로 이 책에서는 재료를 특정하지 않지만, 칵테일에 기대하는 맛과 향을 주지 못하는 '다크 럼' 경우에는 특정 제품을 요구하는 경우도 있다.

'최악의 재료에서도 맛있는 칵테일이 나온다'는 옛말이 있다. 칵테일의 맛은 사용하는 재료에 의해서 결정된다는 말이 있듯이, 많은 신예 바텐더들은 칵테일을 만들 때 가장 비싸고 좋은 재료만을 사용하려는 경향이 있다. 물론 어떤 면에서는 당연하게 여겨진다. 값싼 진과 상한 버무스로 만든 마티니를 마시는 것은 절대로 좋은 경험은 아니다. 하지만 이 말은, 어떤 스피릿은 칵테일로 사용하기 적합하지 않은 경우가 있고, 또한 저렴한 재료들은 무조건 좋지 않다는 식의 선입견을 가지게 한다. 하지만 꼭 그렇지는 않다. 주류 전문점의 어떤 제품은 그 내용물보다 마케팅과 포장에 비용을 많이 책정하여 가격만 올려 놓은 경우도 허다하기 때문이다.

가장 전형적인 런던 드라이 진과 상대적으로 일반적인 스위트 버무스가 비싸고 특이한 보타니컬을 많이 사용한 진이나 무겁고 진한 버무스보다 더 좋은 네그로니를 만든다. 이런 이유로, 이 책의 레시피를 활용할 때는 화이트 럼이나 테킬라처럼 각 재료의 가장 전형적이고 일반적인 특징을 갖춘 좋은 품질의 재료를 사용하기를 권한다. 물론 위에서 언급하였듯이 클래식 칵테일을 새롭고 특이한 재료로 만들어 보는 것도 대단히 재미있는 실험이다. 하지만 모든 실험이 좋은 결과를 보장하지는 않는다.

주스의 경우에는 무조건 신선한 과일을 즉석에서 착즙한 것이 가장 좋다. 특히 라임과 레몬 주스의 경우에는 미리 착즙하면 품질이 급격히 나빠진다. 또한 탄산이 빠진 스파클링 와인이나 진저 에일 같은 믹서들은 그 누구도 좋아하지 않는다. 때문에 대용량 제품보다는 일회용의 소용량 제품을 사용하는 것이 좋다. 바에서 흔하게 사용하는 아몬드와 그레나딘 등 특정 시럽은 인터넷에서 찾을 수 있는 레시피를 활용하여 집에서 쉽게 만들 수 있다.

심플 시럽

이 책에 있는 상당수의 레시피들은 심플 시럽을 요구한다. 심플 시럽은 물과 설탕만을 혼합한 시럽으로, 물과 설탕의 비율에 대해서는 상당한 논쟁이 있지만, 이 책에서는 물과 설탕을 1:1 비율(부피 기준)로 혼합한 심플 시럽을 기준으로 한다. 이 시럽은 동일한 부피의 설탕과 뜨거운 물을 섞고 설탕이 다 녹을 때까지 저어서 만들며, 완성되어 냉장 보관할 경우 대략 1주일 정도 보관할 수 있다. 쉽게 만들 수 있으므로 필요할 때마다 적은 양을 만들어 사용하고 남은 시럽은 폐기하기를 바란다. 편의를 위해서 앞으로 '시럽'이라고 표기한다.

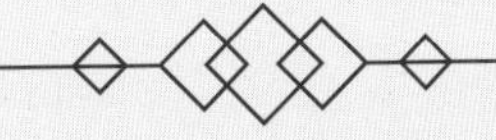

기물/도구

값비싼 바 기물을 사고 싶겠지만, 이 책의 레시피는 값비싼 전문가용 기물이 없어도 충분히 만들 수 있다. 기물에 투자할 돈이 있더라도, 차라리 그 돈으로 좋은 재료를 사는 것을 추천한다. 예를 들어, 좋은 재료로 잘 만들어진 맨해튼 칵테일을 다이소에서 구매한 글라스로 만들든, 전문점에서 파는 고가의 크리스탈 믹싱 글라스로 만들든 잘 만들기만 하면 다 맛있기 때문이다.

지거

집에서 칵테일을 만들기 위해서 꼭 필요한 기물은 다음과 같다. 여러분에게는 정확하고 믿을 만한 지거를 추천한다. 높고 긴 지거가 낮고 넓은 지거보다 훨씬 오차도 적고 사용하기 편하다. 특히나 7*ml*($\frac{1}{4}$oz), 15*ml*($\frac{1}{2}$oz), 22*ml*($\frac{3}{4}$oz), 30*ml*(1oz), 45*ml*(1$\frac{1}{2}$oz), 60*ml*(2oz)와 같이 칵테일을 만드는 데 가장 자주 사용되는 용량을 계량하는 지거라면 더할 나위 없다. 업계 기준인 5*ml*를 측정할 수 있는 바 스푼 또한 매우 유용한 도구이다. 이 책에서 나오는 '대시dash'는 약 1*ml*($\frac{1}{8}$oz)이다. 대시 마개를 가진 일본식 비터 병은 압생트와 마라스키노와 같은 리큐어를 정확하게 계량할 수 있게 하는 좋은 도구이다. 다만 비터 병마다 나오는 용량이 다를 수 있기 때문에 '대시'라는 표현을 쓸 때에는 조심해야 한다.

제대로 된 칵테일 셰이커는 필수이다. 전문 바텐더들은 대부분 두 개의 스테인리스로 나뉘어져 있는 틴-틴 셰이커를 선호한다. 이 셰이커는 깨지기 쉬운 유리를 사용하지 않으며, 스트레이너까지 세 부분으로 이루어져 있는 코블러 셰이커만큼 사용하는 데 편리하다. 집에서는 잼 병과 같은 다른 도구들을 활용할 수 있겠지만, 그 결과물은 상당히 다를 수 있다는 점을 유의해야 한다. 얼음과 과육 등을 걸러 주기 위해서는 셰이커에 맞는 호손 스트레이너(스프링이 있는)와 티/파인 스트레이너가 필요하다.

좋은 믹싱 글라스와 바 스푼은 칵테일 만드는 재미를 배가시켜 주지만, 틴-틴 셰이커와 젓가락을 활용하더라도 비슷한 결과물을 만들어 낼 수 있기에 꼭 필요한 것은 아니다. 마찬가지로 바텐더의 원칙처럼, 쥴렙 스트레이너(구멍 뚫린 숟가락과 유

틴-틴 셰이커

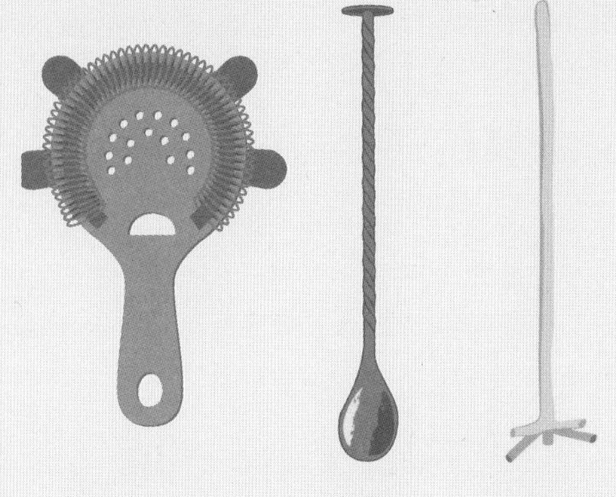
호손 스트레이너　　　바 스푼　　　스위즐 스틱

사한 천공된 둥근 원반 모양)를 사용하여 만든 칵테일이 호손 스트레이너를 사용한 칵테일보다 좋다고 할 수 없다.

주위에서 크고 단단한 큐브 아이스를 구할 수 없다면 큐브 아이스 트레이를 1개쯤 구비하는 것도 좋다. 더 좋은 얼음을 사용할수록 더 좋은 칵테일을 만들 수 있다. 약 2.5㎝(1인치) 지름을 가진 아이스 트레이에 수돗물보다는 정수된 물(또는 끓인 물)을 넣어서 얼리면 보다 좋은 얼음을 만들 수 있다. 크러시드 아이스(잘게 부순 얼음 조각)가 필요한 칵테일을 위해서는 얼음을 넣을 삼베 주머니나 질긴 지퍼백과 얼음을 깰 망치가 필요하다. 칵테일 스위즐(휘젓기)을 위해 나무로 된 스위즐 스틱이나 뒷면이 평평하게 생긴 바 스푼이 있다면 유용하다. 스위즐 스틱으로 불리는 단순히 길기만 한 플라스틱 막대는 하이볼 스타일

바에서 준비해 두어야 하는 것

기본 주류

아로마틱 비터
코냑 또는 고품질의 브랜디
드라이 진
드라이 스파클링 와인
마라스키노 리큐어
오렌지 비터
오렌지 큐라소 또는 트리플 섹
다크 럼
화이트 럼
스위트 레드 버무스

특별 주류

압생트
드라이 버무스
베네딕틴
버번 위스키
캄파리
퍼넷 블랑카
페이쇼드 비터
가벼운 드라이 셰리(만자니아 또는 피노)
진한 드라이 셰리(아몬틸라도, 팔로 코르타도 또는 올로로소)

바텐더의 조언 오픈된 와인, 셰리 그리고 버무스는 상온에서 빠르게 변질된다. 품질을 오래 유지하기 위해서는 냉장고에 보관하면 된다.

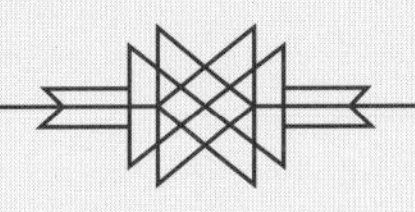

머들러

이나 티키 칵테일의 좋은 장식이 되지만 스위즐 스틱의 역할은 전혀 하지 못한다.

착즙기가 없다면 라임, 레몬, 오렌지 그리고 그레이프푸르트(자몽) 등의 주스를 위해서 하나 정도는 구비하여야 한다. 바텐더들은 멕시칸 엘보우로 불리는 착즙기를 많이 사용하지만 이것은 오렌지나 그레이프푸르트처럼 크기가 큰 과일에는 적합하지 않다. 이러한 과일은 손으로 직접 눌러 짜는 전통적인 과즙기를 이용하기 바란다.

책에서 소개하는 몇몇 레시피는 재료를 '머들muddle ; 으깨기'하라고 한다. 재료를 으깨기 위해서 머들러가 필요하다. 한 면이 평평한 나무나 메탈 또는 아크릴로 만들어진 짧고 통통한 막대면 충분하다. 페인트나 바니시로 코팅된 머들러는 음료에 묻어 나올 수 있다.

테크닉

이제 필요한 것을 다 갖추었다면 여러분들은 칵테일을 만들 수 있다. 칵테일 제조 기법인 빌드(쌓기), 셰이크(흔들기), 스터(젓기)는 보기만 해도 무슨 말인지 안다. 하지만 테크닉에 대해 보충 설명을 더 듣는다면 쉽게 더 좋은 칵테일을 만들 수 있다.

계량하기와 빌딩building

여러분이 편하게 사용하는 손으로 지거를 수평이 되게 잡아 칵테일의 재료를 계량하면 된다. 술이나 시럽, 주스 등을 지거 안쪽의 선이나 지거에 가득 따르면서 계량하면 된다. 원하는 만큼 재료를 지거에 따랐다면 빠르고 유연하게 단번에 내용물을 셰이커나 믹싱 글라스, 글라스 안으로 붓는다. 만약 재료를 붓고 다른 재료를 글라스에 바로 부었다면 이것이 빌드 기법이다. 재료를 넣는 순서는 용량이 적은 재료부터 많은 순서대로 넣기를 추천한다. 이 방법은 중간에 문제가 생기더라도 많은 양의 재료와 술 낭비를 막을 수 있다. 칵테일을 만들 때에는 어떤 기법을 사용하더라도 얼음은 가장 마지막에 넣는 것이 좋다. 이렇게 하면 각 재료마다 얼음과 녹는 속도가 달라서 맛에 영향을 주는 것을 방지할 수 있다.

이 책에 있는 레시피 중에서는 다른 재료를 넣기 전에 단단한 재료를 으깨도록 요구하는 것들이 있다. 재료를 으깰 때는 약한 글라스는 깨질 위험이 있으므로 단단한 글라스나 셰이커에 넣고, 강하지만 너무 지나치지 않게 머들러로 눌러서 다른 재료와 잘 혼합될 정도로 으깨면 된다.

셰이킹Shaking

셰이킹을 위해서는 틴-틴의 경우 먼저 재료를 작은 틴이나 보스턴 셰이커의 글라스, 코블러 셰이커의 바디에 계량하여 넣어 둔다. 그리고 최대한 많은 얼음을 넣고 캡이나 나머지 부분으로 너무 강하지 않게 단단히 닫아 준다. 완전히 결합되었으면 셰이커를 수평으로, 앞뒤로 흔들어 준다. 흔들 때에는 강하게 흔들어 주되 과격하지는 않게 약 10초 정도 흔들어 준다. 이후 셰이커를 열어 호손 스트레이너와 티/파인 스트레이너를 동시에 사용하는 방식으로 글라스에 내용물을 따르면 된다. 2개의 스트레이너를 동시에 사용하는 것을 '더블 스트레이닝'이라고 부른다.

이 책에 있는 모든 계란 흰자가 들어가는 칵테일은 '드라이 셰이킹'하라고 한다. 드라이 셰이크는 얼음을 넣기 전에 모든 재료를 먼저 약 10초 정도 '셰이크하는(흔들어 주는)' 방식이다. 이렇게 하면 계란 흰자가 풀리면서 부풀어 올라 아주 멋지고 포근한 느낌을 준다. 흰자가 충분히 부풀어 올랐다면 얼음을 넣고 적어도 10초 정도 셰이킹하여 냉각 온도와 희석 정도를 맞춘 다음 더블 스트레이닝하여 칵테일을 따르면 된다.

스터링Stirring

스터를 하기 위해서는 원하는 믹싱 글라스에 재료를 넣은 뒤 재료보다 높게 얼음을 채워 준다. 바 스푼 혹은 젓가락이나 핀셋 등을 글라스의 안쪽 면과 얼음 사이에 넣은 뒤에 천천히 부드럽게 돌리면서 젓는다. 저을 때는 바 스푼을 엄지와 검지 사이에 넣고 돌려 가면서 저으면 된다. 여기서 중요한 것은 얼음을 민다는 느낌을 주는 것이지 얼음과 음료를 함께 휘젓는 것이 아니다. 완벽한 스터는 죽은 듯이 조용하다는 점이다. 이렇게 음료가 적절히 차갑고 희석되도록 30~45초간 저은 이후 호손 스트레이너나 쥴렙 스트레이너를 활용해서 얼음을 거르고 글라스에 음료를 내면 된다. (정말 품질이 나쁜 얼음을 사용하지 않는 한 얼음 조각이 생기지 않으며, 더블 스트레이닝하기 위해 파인 스트레이너가 필요 없다.)

스위즐링Swizzling

스위즐링은 스터링의 변형으로, 큐브 아이스(사각 얼음) 대신 크러시드 아이스(잘게 부순 얼음/깨진 얼음)를 사용한다. 스위즐링은 스터링과 반대로 음료와 얼음 조각을 함께 휘저어 주는 것이다. 스위즐 스틱이 없으면 평평한 스푼을 가진 바 스푼을 사용해도 된다. 음료와 얼음으로 가득 찬 글라스에 스위즐 스틱이나 바 스푼을 넣고 양 손바닥으로 스틱을 돌려 주며 위아래로 움직여 음료와 얼음을 잘 휘젓는다. 글라스에 서리가 끼일 정도로 차가워질 때까지 하면 된다.

글라스웨어Glassware

칵테일을 만들었다면 이제는 음료를 서비스하기 위해 글라스가 필요하다. 수많은 종류의 글라스가 있지만, 여러분에게 꼭 필요한 것을 몇 가지 추릴 수 있다. 셰이킹과 스터링으로 만든 칵테일을 위해 스템/손잡이가 있는 쿠페 글라스(또는 소서형 샴페인 글라스)가 필요하며, 탄산이 들어가는 칵테일을 위해서는 길고 얇은 콜린스 글라스, 그리고 얼음과 함께 서비스되는 스피릿의 풍미가 강한 칵테일은 짧고 통통한 올드 패션드 글라스가 필요하다. V자형의 마티니 글라스나 종 모양의 마르가리타 글라스, 모스코 뮬을 위한 구리 머그 등이 있으면 매우 좋으나 없어도 전혀 문제가 되

쿠페 글라스
Coupe glass

콜린스 글라스
Collins glass

올드 패션드 글라스
Old Fashioned Glass(aka rocks glass)

지 않는다. 글라스는 중고 상점에서 쉽게 찾을 수 있다. 글라스를 선택할 때는 칵테일의 용량에 유의하여 구매해야 한다. 음료뿐만 아니라 얼음을 넣었을 때에 조금의 여유가 있는 글라스가 좋다. 최소 표준 용량으로 쿠페는 180*ml*(6oz), 콜린스는 300*ml*(10oz),. 올드 패션드는 360m(12oz)이다. 글라스를 미리 차갑게 준비해 두면 칵테일을 더 오랫동안 차갑게 유지할 수 있다. 그래서 글라스를 미리 냉장고나 냉동고에 5분 이상 놓아두거나, 몇 분 동안 크러시드 아이스와 물을 글라스에 넣기를 추천한다.

가니시Garnish

이 책에서 나오는 가시니는 상대적으로 간단한 올리브나 체리를 가니시-픽에 끼워서 글라스에 넣거나, 파인애플 슬라이스나 라임 휠을 잘라서 글라스 림에 꽂아 주는 것이 있다. 일반적인 방식으로 칼로 과일 껍질을 벗겨 내어 과일의 향을 머금은 오일을 짜 주는, 조금은 노력이 필요한 시트러스 트위스트 같은 가니시로 이루어져 있다. 칼이나 필러를 사용하여 감귤류의 과일 껍질을 벗기면 된다. 더 많은 과일 껍질을 얻기 위해서는 과일의 위에서 아래로 깎는 것이 옆으로 돌려 가며 깎는 것보다 낫다. 과일 껍질을 벗겨 낸 뒤에는 껍질 안쪽의 하얀 부분을 칼로 최대한 제거하는 것이 쓴맛을 줄여 준다. 껍질의 흰 부분을 위로 향하게 도마 위에 놓고 칼을 도마와 수평으로 하면서 흰 부분을 최대한 제거한다. 칼로 과일 껍질의 테두리를 정리하면 훨씬 더 좋다. 핑킹 가위를 활용하면 지그재그 모양으로 보다 화려하게 꾸밀 수 있다. 음료가 담긴 글라스를 향해 과일 껍질의 바깥 부분을 엄지와 검지로 잡고 살짝 눌러서 안에 있는 향과 에센스를 글라스에 입혀 준다. 그 다음 글라스와 테두리에도 에센스를 묻히고 살짝 비틀어서 글라스에 넣어 준다. 민트와 같은 허브류는 사용하기 전에 손바닥에 놓고 박수를 치듯이 가볍게 쳐 주면 그 향이 더욱 잘 살아나 칵테일을 마시는 동안 향을 잘 느낄 수 있다. 앞으로 편의상 레몬이나 오렌지 등 시트러스 과일의 껍질을 요구하는 칵테일 가니시의 경우, 대부분 껍질의 유분·향·에센스를 글라스에 입히고, 특별한 언급이 없으면 글라스에 넣는 것을 기본으로 한다.

AGUA DE VALENCIA

아구아 데 발렌시아, 스페인 발렌시아

아구아 데 발렌시아는 바Bar 역사상 가장 장난 같은 칵테일 가운데 하나이다. 이 칵테일은 1959년 스페인 발렌시아를 여행하던 바로크 여행자들이 자주 가던 세르베세리아 마드리드에서 만들어졌다. 바로크 여행자들은 스페인 스파클링 와인인 까바Cava를 물처럼 마셨는데, 까바를 주문할 때는 '아구아 데 빌바오Agua de Bilbao; 빌바오의 물'를 달라고 하였다. 이 가게의 바텐더인 꼰스딴떼 길Constante Gil은 장난 삼아 '아구아 데 발렌시아Agua de Valencia; 발렌시아의 물'를 마셔 보라고 하면서 그 자리에서 이 칵테일을 만들었다.

꼰스딴떼 길은 순식간에 탄산이 강한 미모사 비슷한 것을 만들어 냈다. 오렌지 주스에 보드카와 진, 설탕을 섞은 뒤 까바로 탄산감을 주는 새로운 칵테일이 만들어진 것이다. 발렌시아를 한 번이라도 가 본 사람이라면, 그가 오렌지 주스를 사용한 이유를 알 수 있다. 도시의 큰 도로와 에스따시온 델 노르떼 기차역, 메르칼 센트럴 시장까지 아술레호 타일과 오렌지 나무로 화려하게 꾸며진 도시는 관광객들로 하여금 감탄을 자아내게 하며 이 오렌지 도시를 잊지 못하게 한다. 참고로, 발렌시아 오렌지 품종의 원산지는 미국 캘리포니아이다.

이 칵테일은 1960년대까지만 해도 세르베세리아 마드리드의 메뉴에는 없는 특별한 칵테일이었지만, 70년대부터는 주위의 다른 바와 레스토랑에까지 알려지게 되었다. 스페인 독재자 프란시스코 프랑코Francisco Franco가 사망한 1975년 이후, 지역 문화의 재부흥과 맞물려 아구아 데 발렌시아는 음료 문화의 아이콘으로서 지역의 자랑거리가 되었다. 1990년대 관광지로 각광 받기 시작하고 이 칵테일을 찾는 관광객들까지 늘어나면서 발렌시아에서 자신의 위치를 확고히 하였다.

재료 – 5인 기준

보드카 45*ml*
진 45*ml*
심플 시럽 15*ml*
신선한 오렌지 주스 200*ml*
차갑게 냉장된, 달지 않은 까바 또는 스파클링 와인 750*ml*

만드는 법

보드카, 진, 시럽을 셰이커에 넣는다. 얼음을 넣고 흔들어서 잘 섞은 뒤 큰 물병에 더블 스트레이닝한다. 오렌지 주스와 까바를 넣고 살짝 저은 뒤에 얼음을 넣는다. 샴페인 플루트나 쿠페 글라스에 따른다.

바텐더의 조언 오렌지 주스와 까바는 가능한 한 차가운 것이 좋다. 주스는 착즙한 지 1시간이 지나면 그 안의 효소로 인해 쓴맛이 나고 냄새가 생길 수 있으므로 갓 착즙한 것이어야 하며 더블 스트레이닝하여 과육을 제거해야 한다.

AROUND THE WORLD

어라운드 더 월드, 중국 홍콩

홍콩은 세계 무역의 거점이며 다양한 문화와 재화가 모이는 곳이다. 이 국제도시는 다양한 클래식 칵테일을 만드는 요람이기도 하지만, 역사적으로 가장 중요한 항구도시 중 하나였다. 그럼에도 불구하고, 중국으로 들어가는 관문인 홍콩에서 만들어진 클래식 칵테일이 없다는 것은 매우 놀라운 일이다. 바 컨설턴트인 앵거스 윈체스터Angus Winchester에 의하면, 진저 비어와 진저 에일 동일량과 몇 대시dashes의 앙고스투라 비터를 넣은 '더 거너The Gunner'라는 칵테일이 홍콩에서 태어난 칵테일이자 홍콩을 대표하는 칵테일이라고 한다. 물론 홍콩의 더위를 잊게 하는 데 매우 알맞아 보이지만, 사실 맨해튼 칵테일(80p 참조)로도 충분히 대체할 수 있다.

비록 클래식 칵테일의 원조는 아니지만 오늘날 홍콩은 굉장히 역동적인 바 문화를 가지고 있다. 훌륭한 많은 바들이 가장 현대적인 기술과 독창적이고 화려한 외형으로 다른 곳에서는 찾아볼 수 없는 칵테일의 새로운 지평을 열어 가고 있다. 홍콩의 바에서는 미니어처 도자기 욕조에 고무로 된 오리 인형을 띄우거나, 전구를 디켄터 삼아 음료를 해골 얼음 위로 따르기도 하고, 혈액 백에 담아서 내 오는 등 상상을 초월하는 칵테일로 손님들을 항상 놀라게 하고 있다. '어라운드 더 월드Around the World'는 홍콩의 티키 바 호니호니의 칵테일로, 칵테일 트랜드의 한 축을 담당하고 있다. 반으로 갈라진 지구본에 담겨 나오는 이 펀치는 럼, 파인애플 그리고 패션 프루트로 태평양 티키의 느낌을, 재스민 시럽으로 동양의 느낌을, 그리고 무엇보다 최고급 샴페인(호니호니에서는 때땡져 브뤼Taittinger brut)으로 고급스러운 느낌을 주는 칵테일이다. 이 칵테일은 세계에서 가장 영향력 있는 항구도시인 홍콩의 역사와 위상을 잘 나타내 준다.

재료 – 10인 기준

파인애플 주스 250*ml*
구아바 주스 200*ml*
크렌베리 주스 150*ml*
패션프루트 주스 150*ml*
고숙성 다크럼 100*ml*
화이트 럼 100*ml*
라임 주스 75*ml*
피치 리큐어 50*ml*
자스민 시럽 22*ml*
바나나 시럽 22*ml*
아로마틱 비터 5dashes
샴페인 또는 드라이 스파클링 와인 750*ml*
가니시 : 패션 프루트 껍질과 엘더 플라워(딱총나무꽃)

만드는 법

샴페인을 제외한 모든 재료와 얼음을 커다란 펀치 볼에 넣는다. 위에 샴페인을 붓고 살살 저어서 섞는다. 가니시로 패션 프루트와 엘더 플라워를 올린다.

바텐더의 조언 원래 레시피는 때땡져 브뤼를 사용하지만 다른 드라이한 스파클링 와인을 사용해도 무방하다.

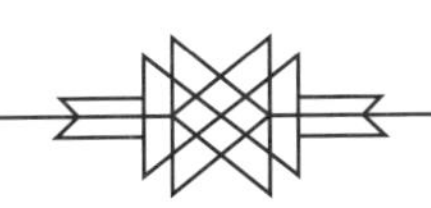

BAMBOO

뱀부, 일본 요코하마

뱀부Bamboo는 일본에서 만들어진 최초의 칵테일로 자신의 이름을 알렸지만, 전혀 일본답지 않은 칵테일이다. 독일인 바텐더 루이스 에핑어Louis Eppinger가 프랑스 버무스, 스페인 셰리 와인을 가지고 뱀부를 만들었다. 1890년대 당시 가장 인기가 많았던 셰리 와인과 2가지 버무스에 몇 방울의 비터를 섞어 만든 이 칵테일은 세계 어디서든 탄생할 수 있던 칵테일이며, 요코하마에서 에핑거가 만들기 이전에 비슷한 칵테일이 미국과 인도 등에서 만들어지곤 하였다.

이 칵테일이 일본에서 만들어진 것은 우연에 가까운데, 차라리 행운이라고 보는 것이 좋다. 뱀부는 특별히 일본적인 맛 자체를 가지고 있는 칵테일은 아니지만, 일본의 시부사Shibusa 개념과 같은 단순하고 기능적인 우아함을 가지고 있다. 일본에서 중요시하는, 간단하지만 복잡하고, 간결함과 복합성을 동시에 지닌 소박하면서 정교하고, 경제성 및 품질의 예술적 균형을 가진, 거친 듯 세련된 칵테일이다. 이것은 많은 일본 칵테일의 공통점이기도 하다. 또한, 이러한 열정적인 칵테일 문화가 다른 곳도 아닌 일본이 금주법 시대 이전의 바텐딩을 가장 잘 보존하게 된 것에도 큰 영향을 주었을 것이다.

다른 다양한 클래식 칵테일과 마찬가지로 뱀부는 매우 다양하게 변형이 가능한 칵테일이다. 여러분이 모험심이 있다면 도쿄 긴자에 있는 유명한 바 하이파이브의 히데츠구 우에노 바텐더처럼 깊이 있는 풍미를 위해 다양한 드라이 셰리, 견과류의 풍미를 가진 아몬틸라도나 팔로 코르타도 같은 신선한 만자니아를 사용할 수 있다. 여러분도 다른 두 종류의 드라이 셰리를 베이스로 사용하여 새로운 느낌을 줄 수 있고, 스위트 버무스 대신에 드라이 버무스를 사용하거나 비율을 바꾸거나 할 수도 있다. 필자가 마셔 본 것 중에서 가장 재미있던 칵테일은 심플 시럽 대신 오렌지 큐라소(오렌지 리큐어)를 첨가하여 단조로운 칵테일에 시트러스와 허브의 향을 살리면서 다른 곳에서는 느낄 수 없는 풍미를 담아냈다. (이것은 프랑스의 바텐더 장 루페이Jean Lupoiu가 1928년에 쓴 책 *370 Recettes de Cocktails*에 나온 것이다.)

재료

피노 셰리 혹은 만자니아 셰리 45*ml*
드라이 버무스 45*ml*
시럽 또는 오렌지 큐라소 5*ml*는 선택 사항
오렌지 비터 1dash
아로마틱 비터 1dash
가니시 : 레몬 껍질

만드는 법

믹싱 글라스에 모든 재료를 넣고 젓는다. 충분히 차갑게 된 칵테일을 쿠페 글라스에 따른다. 가니시로 레몬 껍질의 에센스를 칵테일에 입히고 글라스 안에 넣어 준다.

BANANA DYNASTY

바나나 다이너스티, 중국 마오타이

세계에서 가장 잘 팔리는 스피릿은 서양인들이 마시거나 들어 본 적이 없는, 수수로 만든 증류주인 중국의 바이주(백주)이다. 매년 생산되는 약 100억 리터의 바이주는 대부분 중국 시장에서 소비하며, 아주 소량의 바이주만 국외로 나가 외국인들이 마실 기회를 얻는다. 바이주를 처음 마시면 상한 과일이나 빨랫감에서 나는 퀴퀴한 냄새를 맡는 사람들이 있는데, 외국인들이 고약한 냄새라고 인식하는 풍미는 사실 바이주의 복합적이면서도 가볍고 진하며, 향신료와 쌀 그리고 꿀의 느낌을 가진 바이주 특유의 풍미이다.

바이주 또한 종류와 브랜드가 다양한데, 서양인들이 흔히 접할 수 있는 것은 '마오타이'로, 구이저우 지방의 마오타이에 있는 국영회사인 귀주 마오타이에서 생산되는 명주이다. 이 도시의 명칭은 원래는 '모우타이'였는데 1949년 국공내전에서 이긴 공산당 주석 마오쩌둥Mao Zedong의 이름을 따 '마오타이'가 되었다. 오랜 역사를 가진 마오타이는 수수를 주원료로 사용하며, 전통 발효제인 누룩으로 발효한 뒤에 9회 증류하고 도자기에서 최소 3년 이상 숙성한다. 그 이름의 유래만큼이나 마오타이는 매우 복잡한 수수향과, 마오타이에만 특별히 사용되는 전통적인 효모를 사용해서 나는 풍미 덕분에 코냑처럼 바이주 중에서도 가장 특별한 지위를 가진다. 잘 알려져 있듯이, 리처드 닉슨 전 미국 대통령이 1972년 중국을 방문했을 때 저우라이언周恩來과 건배주로 사용한 것이 마오타이이다. 마오타이의 영향 덕분인지 이 세기의 만남은 이후 국제 외교 판도에 있어서 큰 이정표가 된다. 2년 뒤 중국의 덩샤오핑鄧小平 주석이 미국을 방문했을 때는 헨리 키신저가 '모든 문제는 마오타이만 충분히 마신 뒤 논의하면 다 해결할 수 있을 것 같다'라고 말한 것으로 알려져 있다.

그 희귀성과 희소성 때문에 마오타이가 칵테일 재료로 쓰이는 경우는 매우 드물다. 그래서 마오타이 제조사인 귀주 마오타이는 2015년에 세계 최초의 마오타이 칵테일 대회를 개최하면서 변화를 모색했다. 호주 시드니 출신의 바텐더 바비 캐리Bobby Carey가 첫회 우승의 영예를 안았다. 그의 칵테일 '바나나 다이너스티Banana Dynasty'는 마오타이 특유의 맛인 장향형醬香型을 바나나 리큐어의 단맛과 스위트 버무스, 비터로 풍미를 극대화했다는 평가를 받았다.

재료

마오타이 40*ml*
바나나 리큐어 20*ml*
스위트 버무스 15*ml*
아로마틱 비터 2dashes
가니시 : 오렌지 껍질

만드는 법

모든 재료를 믹싱 글라스에 넣고 얼음과 함께 충분히 젓는다. 올드 패션드 글라스에 붓고 얼음을 넣는다. 오렌지 껍질로 마무리한다.

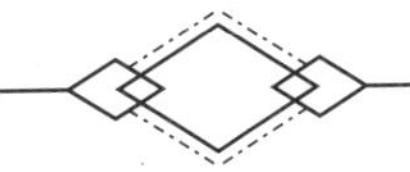

BETWEEN THE SHEETS

비트윈 더 시트, 이스라엘 예루살렘

이 칵테일이 '레드헤디드 슬럿Red-Headed Slut'이라 불리던 시대에는 다이브 바Dive bar ; 격식이 없는 바에서 세계적으로 유명한 존재였고, 이 칵테일의 명칭이 좀 부드럽게 완화된 듯하다. 하지만 '비트윈 더 시트Between the Sheets'로 떠오르게 된 시대에, 이 칵테일 이름은 정말 아슬아슬해 보였다. 이 칵테일의 성공은 칵테일 기술도 기술이지만 '섹스 온더 비치'나 '스크리밍 오르가즘'처럼 범죄 수준의 언어 유희에 기여한 공功이 더 크다.

이 칵테일은 꽤나 흥미로운 유래를 가지고 있다. 초기 레시피 중에는 클래식 사이드카(151p 참조)에 약간의 럼을 더 넣어 알코올을 강화하여 풍미의 균형을 주기도 하고 혹은 프랑스의 유구한 역사를 지닌 리큐어인 베네딕틴 D.O.M.을 조금 넣어 디저트 칵테일로 즐겼다는 기록이 존재한다. 실제 칵테일의 탄생에 대해서는 1930년대 파리에 있는 뉴욕 바(65p 참조)에서 해리 맥켈혼Harry MacElhone이 만들었다는 주장과, 그보다 더 빠르게 1921년에 런던의 버클리 호텔에서 미스터 폴리Mr. Polly가 만들었다고도 한다.

세 번째, 더 흥미로운 유래와 레시피는 여행가이자 칵테일 애호가인 찰스 H. 베이커Charles H. Baker의 책에서 찾을 수 있는데 다른 레시피와 큰 차이를 보인다. 1920~30년대에 그가 예루살렘을 방문했을 때, 밖에서 벌어지는 아랍인과 유대인 간의 충돌을 피해 킹 데이비드 호텔로 들어가 이 칵테일을 처음 만나게 된다. 미스터 웨버Mr. Weber라는 바텐더가 만든 비트윈 더 시트를 마셨고, 그의 책에서 레시피를 받아 적었다고 한다. 그 당시에 중동 지방에서는 이미 꽤나 유명한 칵테일이었다는 주석을 달아 놓았다. 웨버의 레시피는 기존의 레시피와 다르게 럼 대신 진을 사용한다. 기존의 사이드카와 비슷한 느낌은 완전히 사라지고, 코냑의 진하고 풍부함 대신에 주니퍼베리의 자극적이고 깔끔한 풍미가 있는 칵테일이 되었다.

재료
코냑 22*ml*
진 22*ml*
오렌지 큐라소 또는 트리플 섹 22*ml*
레몬 주스 22*ml*
가니시 : 레몬 껍질

만드는 법
모든 재료를 칵테일 셰이커에 넣는다. 얼음과 함께 잘 흔들어 준다. 쿠페 글라스에 더블 스트레이닝한다. 레몬 껍질로 마무리한다.

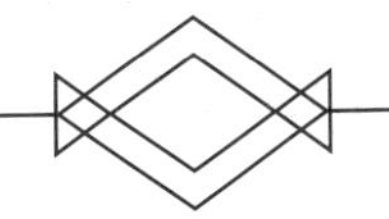

BIRD OF PARADISE

버드 오브 파라다이스, 파나마 콜론

여러분이 1848년부터 1855년까지 성행했던 캘리포니아 골드 러시에 동참하기 위해 당시 아메리카 대륙의 동부 연안에서 이동하고자 했다면 가장 빠른 길은 파나마의 도시 콜론을 거쳐 가는 것이었다. 그 당시 이 도시는 더러움과 무법지대로 악명이 높았으나, 곧 파나마 철도의 대서양 종점이 되었다. 골드 러시 당시 캘리포니아의 금광을 찾아가는 사람들은 이 도시를 반드시 거쳐야만 했다. 도시는 곧 술과 쾌락의 오아시스로 변해 버렸고, 악명 높은 진흙탕 거리인 '보틀 앨리Bottle Alley'를 만들어 냈다. 골드 러시가 거의 끝나 가던 1890년대에 도로가 포장되었는데, 진흙에 묻힌 어마어마한 양의 깨진 유리 덕분에 도로 기초를 위한 자갈을 깔 필요가 없었다는 전설이 전해 내려온다.

콜론은 오랜 세월 계획된 태평양과 대서양을 잇는 파나마 운하의 리먼 베이에 위치하고 있다. 프랑스가 운하를 건설하려는 몇 번의 시도가 실패한 이후 미국이 1904년 준공권을 획득했고 드디어 파나마 운하가 완전히 개통되었다. 파나마 운하의 개통은 파나마 독립운동으로 이어져 콜롬비아로부터 독립하였을 뿐만 아니라, 미국이 파나마 운하를 관리하게 되는 결과를 가져왔다. 비록 미국이 설계와 사무 운영을 맡았지만, 실제로 운하를 건설하는 노동력은 남미와 유럽 그리고 인도에서 넘어온 노동자들이었다. 미국인들은 도시의 명소이자 최초의 칵테일 바인 스트레인저스 클럽에서 스트레스를 풀었다고 한다.

스트레인저스 클럽에서 가장 인기 많은 칵테일은 '버드 오브 파라다이스Bird of Paradise'였다. 이 칵테일은 현재 '라모스 진 피즈'로 알려진 뉴올리언스 피즈와 비슷하지만 심플 시럽 대신 라즈베리 시럽을 사용하는 것이 특징이다. 제프 '비치범' 베리Jeff 'Beachbum' Berry의 책 *Portions of the Caribbean*에서 가져온 이 레시피는 적도의 더위를 이겨낼 만큼 신선하고 상큼하며, 크림과 핑크색은 열대의 열정과 화려함을 주는, 예전 콜론의 명성을 대표하기에 충분한 칵테일이다.

재료

진 60*ml*
생크림 30*ml*
라임 주스 30*ml*
라즈베리 시럽 22*ml*
오렌지 플라워 워터 2~3dashes
계란 1개 분량의 흰자
탄산수 90*ml*
가니시 : 식용 열대 꽃

만드는 법

탄산수를 제외한 모든 재료를 칵테일 셰이커에 넣는다. 얼음을 넣지 않은 상태로 흔들어 크림과 계란 흰자의 거품을 만든다. 얼음을 넣고 다시 셰이킹하여 충분히 차갑게 만들어 준다. 콜린스 글라스에 더블 스트레이닝한 뒤 탄산수를 부어 준다. 얼음을 넣고 가니시를 올려서 마무리한다.

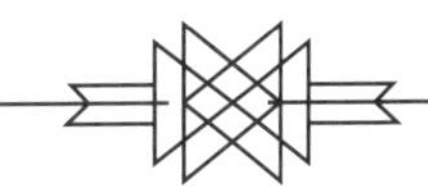

BLACK RUSSIAN

블랙 러시안, 벨기에 부뤼셀

벨기에는 유럽 전쟁의 전쟁터로, 식민지로 그리고 외부에 의해서 분단된 아픈 역사를 가지고 있다. 그런 역사를 가진 만큼 3가지 언어권으로 나뉘어져 프랑스어를 사용하는 왈론, 네덜란드어를 사용하는 플랑드르 그리고 소수의 독일어를 사용하는 소수집단으로 구성된 다양한 문화를 가지고 있어 문화적 정체성이 없다고 한다. 그렇기에 벨기에는 유럽 연합의 수도 역할을 하지만 동시에 유럽의 농담거리가 되기도 한다. 더 모욕적인 것은 벨기에에서 만들어진 세계적으로 유명한 칵테일조차 다른 나라의 이름을 가졌다는 역사이다. 바로 '블랙 러시안Black Russian'이다.

블랙 러시안은 1949년 브뤼셀에 위치한 호텔 메트로폴의 구스타프 탑스Gustave Tops에 의해 처음 시작되었다. 그는 1930년 해리 크래독Harry Craddock의 유명한 책 *Savoy Cocktail Book*에 나오는 칵테일인 러시안을 변형하여 블랙 러시안을 만들었다. 러시안은 동일량의 진과 보드카 그리고 크림 드 카카오를 셰이킹하여 빠르게 만든 칵테일이었다. 탑스는 진을 과감하게 빼고 1936년 세계에 처음 등장한 칼루아로 크림 드 카카오를 대체하였다.

블랙 러시안은 1960년대 초반 엄청난 호황을 누렸다. 많은 유명인사들의 애정과 007 제임스 본드 영화에서 소개된 보드카는 당시 미국 당대의 술이 되었다. 칼루아 역시 천재적인 마케팅 능력을 가진 수입업자인 줄스 버만Jules Berman의 성공적인 마케팅으로 인하여 하루가 다르게 명성을 높여 가고 있었다. 버만은 리큐어 광고로 티키 열풍을 콜럼비아에 전파했다(95p 참조). 1961년작 *The Diner's Club Drinks*에서는 탑스의 블랙 러시안과 함께 그의 후계자 화이트 러시안을 소개하고 있다. 이 화이트 러시안의 경우에는 이후 영화 「위대한 레보스키」에서 주인공인 제프리 더 듀드 레보스키가 즐겨 마셔 그 명성의 절정을 맞이한다. 블랙 러시안보다는 화이트 러시안의 인기가 높아지고 있지만, 블랙 러시안은 언제나 우리가 한 번쯤 다시 찾을 만한 칵테일임에 틀림없다. 상대적으로 드라이하게 만들어진 이 칵테일은 여러분의 한가로운 여유 시간을 채워 주기에 충분하다.

재료
보드카 60*ml*
칼루아 30*ml*

만드는 법
모든 재료를 믹싱 글라스에 넣고 얼음과 함께 젓는다. 충분히 저은 칵테일을 올드 패션드 글라스에 붓고 얼음을 채운다.

바텐더를 위한 조언 화이트 러시안을 만들 때는 위와 동일한 레시피로 만들고 이후 30*ml*의 크림을 바 스푼에 대고 천천히 넣어 완성한다.

BOBBY BURNS

바비 번스, 스코틀랜드 앨러웨이

스카치 위스키는 칵테일의 재료로 부적합하다고 여겨져 왔다. 그 이유는 스카치가 다양한 풍미를 가지고 있었기 때문이다. 롭 로이(맨해튼의 스카치 버전)의 경우만 보더라도 피티peaty 향이 강한 아일레이 위스키를 사용하는 것과 진한 셰리의 풍미를 가진 스페이사이드 위스키를 사용하는 것은 매우 큰 차이를 보인다. 또한 스카치 위스키 애호가들에게 스카치는 조금의 물, 조금 더 양보하면 조금의 얼음 정도만 허락되기 때문에 스카치 위스키 칵테일의 종류는 다른 스피릿에 비해서 현저히 적다.

스코틀랜드 문화의 중심지인 알로웨이는 18세기의 위대한 스코틀랜드 시인 로버트 번스Robert Burns의 출생지로 매우 유명하다. 민족 시인인 그는 세련된 영국 문장을 잉글랜드 사투리로 간주하고, 스코틀랜드 방언으로 시를 썼다. 그는 스튜어트 왕가의 복권을 시도했던 재커바이트 반란의 가담자를 숨겨 주는가 하면 프랑스 혁명과 미국 독립을 지지하였고 봉건 제도의 종말을 예견하기도 하였다. 그는 세금 징수원으로 신흥 스카치 위스키 산업에 과세하는 일을 하는 한편 그들을 풍자하며 '자유와 위스키는 함께한다!Freedom an' whisky gang thegither!'라는 유명한 시구를 남겼다. 그의 기행을 비추어 볼 때 그의 이름을 딴 칵테일은 확실히 특이한 스카치 위스키를 사용하는 것이 어울린다고 느껴진다.

'바비 번스Bobby Burns' 칵테일은 롭 로이의 변형으로 받아들여진다. 롭 로이는 맨해튼(96p 참조) 레시피에서 라이나 버본 위스키 대신 스카치 위스키를 쓴 칵테일이다. 바비 번스는 여기서 조금의 변형이 가해진 것인데 금주법 이전 시대부터 매우 다양한 레시피가 전해져 오고 있다. 1931년 발간된 *Old Waldorf Bar days*에서는 버무스를 조금 줄이고 압생트를 조금 추가하기도 하였고, 1930년 *Savoy Cocktail Book*의 해리 크래독의 버전에서는 버무스와 스카치 위스키를 50대 50으로 넣고 오렌지 비터와 압생트 대신에 베네딕틴을 넣는다. 데이비드 엠버리David Embury의 책 *The Fine art of Mixing Drinks*에서는 스코틀랜드에서 만들어지는 스카치를 이용해서 만드는 꿀 리큐어인 드람뷔이와 베네딕틴을 넣으라고 추천한다. 프랑스와 스코틀랜드 간의 오랜 동맹과 재커바이트 운동을 키워 준 프랑스의 역할을 생각하지 않을 수 없다. 이 레시피는 베네딕틴을 고수한다.

재료

스카치 위스키 60*ml*
스위트 버무스 30*ml*
베네딕틴 D.O.M 5*ml*
가니시 : 레몬 껍질

만드는 법

모든 재료를 믹싱 글라스에 넣는다. 얼음을 넣고 충분히 젓는다. 잘 저은 칵테일의 얼음을 빼고 쿠페 글라스에 붓는다. 레몬 껍질로 마무리한다.

BRANDY OLD FASHIONED

브랜디 올드 패션드, 미국 밀워키

프랑스 코냑은 크래프트 칵테일 시장에서 가장 각광 받는 존재였지만, 브랜디는 1850~60년대의 시련을 겪으면서 미국 칵테일에서 사라졌다. 그 이전까지만 하더라도 뉴올리언스의 유명한 세즈락 커피 하우스(143p 참조)에서는 세즈락 두 포르지 에 에일 코냑으로 훗날 '세즈락'으로 불리게 되는 유명한 칵테일을 만들었으며, 민트 쥴렙(106p 참조) 또한 거친 아메리칸 위스키가 아니라 브랜디로 만들었다. 이 시기가 지난 이후, 브랜디는 더 이상 힘을 쓰지 못하였다. 하지만 예외는 있었으니 바로 위스콘신주이다. 여기에서는 아메리칸 위스키와 세븐 업 대신에 브랜디와 세븐 업을 믹스하였고, 브랜디를 베이스로 많이 사용하여 맨해튼을 시켜도 브랜디에 버무스가 들어간 것이 나왔고, 올드 패션드를 주문하면 브랜디에 버그 주스(비터, 설탕, 물의 혼합물)를 채우고 세븐 업을 추가하고 가니시로 오렌지와 체리로 장식하였다.

이 현대적인 올드 패션드는 원래 올드 패션드가 가진 플라토닉한 이데아를 보다 의미 있게 변화시켰다. 올드 패션드의 이데아대로라면 스피릿 60*ml*에 설탕과 비터의 느낌만이 나는, 큐브 얼음에 시트러스 껍질로만 만들어졌다. 위스콘신 밀워키에서 만들어지는 '브랜디 올드 패션드Brandy Old Fashioned'는 다른 곳에 비해서 달고 마시기 쉬우며 단순한 가니시로, 기존의 올드 패션드 방법에 역행하였다. 포틀랜드 바텐더 제프리 모건테일러Jeffrey Morgenthaler가 작성한 이 레시피는 위스콘신의 정체성을 손상시키지 않으면서 칵테일에 크래프트 기술을 추가하여 단맛을 줄였다.

위스콘신 출신의 음식 비평가 제리 미니치Jerry Minnich에 의하면, 다른 곳에서 브랜디를 더 이상 쓰지 않을 때 위스콘신에서 계속 사용한 이유는 과거 이 지역에 독일계 이주민들이 많이 살았고, 이들은 1893년 시카고와 위스콘신에서 진행된 만국박람회에서 코블 브랜디와 사랑에 빠졌다고 한다. 우연히도 올드 패션드에 관한 가장 오래된 인쇄물이 1880년대 시카고에서 발간된 것으로 알려져 있다. 만국 박람회에 갔던 당시 독일인들은 좋아하던 올드 패션드와 코블을 가지고 밀워키로 돌아가서 즐겼던 것으로 추측한다.

재료

아로마틱 비터 2*ml*
각설탕 1개
두꺼운 오렌지 슬라이스 1/2개
브랜디(가능하다면 코블) 60*ml*

만드는 법

브랜디를 제외한 모든 재료를 올드 패션드 글라스에 넣고 머들링한다. 머들할 때에는 충분히 강하게 해야 하지만 오렌지의 껍질과 하얀 부분은 피하도록 한다. 브랜디와 얼음을 넣고 충분히 저은 뒤 크러시드 얼음으로 마무리한다.

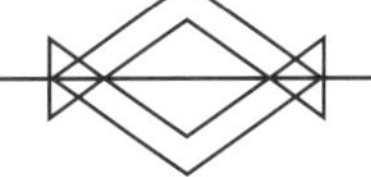

CAIPIRINHA

카이피리냐, 브라질 파라티

브라질인들은 카샤사를 좋아한다. 카샤사는 럼과 비슷한 브라질에서 만드는 사탕수수 증류주로, 매년 12억 리터가 생산되며 이 가운데 1퍼센트 정도만 국외로 수출된다. 이는 브라질 국민 1인당 대략 6리터의 카샤사를 소비한다는 것을 의미한다. 그리고 대부분의 카샤사는 브라질의 국민 칵테일인 '카이피리냐Caipirinha'를 만드는 데 사용된다.

브라질 국민들이 가장 좋아하는 것임에도 불구하고 카이피리냐의 기원은 정확히 알려져 있지 않다. 일반적으로는 스페인 독감이 유행하던 1918년 즈음, 일종의 약藥으로 카샤사와 함께 라임 주스, 마늘 그리고 꿀을 섞어 뜨겁게 마신 것에서 시작되었다고들 이야기한다. 이후 마늘을 제외하고 약간의 얼음을 추가하여 1922년 진행된 상파울루 현대미술전의 공식 음료가 되면서 현재의 위치를 차지하였다고 알려졌다. 하지만 브라질의 역사학자 듀너 멜로Diuner Melo는 이 칵테일의 기원이 1856년까지 거슬러 올라간다고 하며 리우 데 자네이로 근처 파라티Paraty에서 콜레라가 창궐했을 때, 물 대신 라임과 설탕 그리고 카샤사를 섞어서 마셨다는 것이다. 19세기 콜레라 처방전으로 술을 사용했던 것처럼 1832년 스코틀랜드에서도 진을 약으로 사용한 전례가 있으며, 'Paraty'가 카샤사의 고어인 'Parati'와 흡사한 만큼 그 연관성이 충분히 설득력이 있다.

유명한 영국 해적 프랜시스 드레이크의 복통을 잠재우기 위해서 엘 드레이크El Draque 칵테일(93p 참조)이 만들어진 16세기에 캐러비안 해협과 남미의 전통 음료였던 것을 고려해 보면 술과 라임 그리고 설탕을 혼합하는 것은 꽤나 흔한 일로, 약으로 사용한 것 또한 그렇게 새로운 것이 아니다. 다만 카샤사의 경우, 캐러비안의 현대적인 럼 생산보다 1세기 앞서 생산되어 럼의 전신으로도 여겨진다. 그렇기 때문에 현재의 카이피리냐는 다이키리의 원형(109p 참조)에서 유래되었다고 본다. 흐린 액체 속을 떠다니는 으깨어진 라임 조각은 마치 먹이를 노리는 아마존 강의 악어처럼 보이기도 한다.

재료

라임 반 조각
비정제 갈색 설탕 1티스푼
카샤사 60*ml*

만드는 법

라임을 4등분한다. 설탕과 라임을 올드 패션드 글라스에 넣고 라임 즙이 설탕을 다 녹일 때까지 잘 머들링한다. 카샤사를 올드 패션드 글라스에 붓고 잘 섞은 뒤 크러시드 얼음을 넣고 마무리한다.

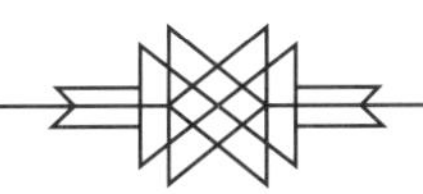

CHAMPAGNE A NICHOLAS II

샴페인 니콜라스 II, 러시아 상트페테르부르크

18세기 초부터 러시아 제국이 사라진 1917년까지 러시아 귀족들은 항상 서유럽을 동경하였다. 표트르 1세에게는 단순히 동경의 대상만으로 남지 않고 러시아 제국의 가장 서쪽인 상트페테부르크의 건설과 함께 역사상 가장 서쪽으로 진출하였다. 러시아 차르로서 발트 해에 진출하기 위해 정복을 진행하는 동시에 웅장하고 커다란 격자 모양의 도로를 가진 파리의 베르사유 궁전의 화려함에 버금가는 수도를 세우기 위해 상상을 초월할 만한 인력과 부를 쏟아부었다. 공사 기간 동안 10만 명이 넘는 인부들이 죽었고 원활한 원자재 공급을 위해서 상트페테부르크 이외의 지역에서는 큰 공사 자체를 금지하기까지 하였다. 표트르 1세의 후계자인 예카테리나 2세(프러시아인)는 그의 업적을 이어가며 특히나 계몽주의에 대해 흥미를 가졌다.

19세기 동안, 프랑스의 샴페인 생산자들은 북쪽의 베니스라고 불리던 상트페테부르크에 많은 양을 판매하였다. 대담한 자본주의자인 프랑스 상인들은 소비자의 입맛에 본인들의 제품을 맞추었다. 러시아 애호가들이 항상 곁에 설탕을 두며 샴페인의 맛을 돋운다는 사실을 안 양조업자들은 샴페인의 생산 과정에서 아예 당분을 첨가하기 시작하였다. 이때 첨가된 당은 최대 리터당 300g까지 늘어났으며, 현대 콜라보다 동일량 대비 3배의 설탕이 들어간 샴페인이 판매되고 있었다.

러시아 귀족층의 단맛에 대한 애정과 친프랑스적 태도를 보면, 러시아의 마지막 황제 니콜라이 2세가 달콤함과 샴페인을 좋아했던 것은 어쩌면 당연한 일이다. 특히 그는 샴페인에 프랑스산 허브 리큐어인 달콤한 옐로우 샤르트뢰즈를 넣어서 마시는 것을 좋아했다고 한다. 1차 세계대전은 니콜라이 2세와 러시아 제국을 파멸로 이끌었고, 러시아 귀족들의 몰락과 이어졌다. 이후 발트해에서 난파선 한 척이 발견되었는데, 빛이 들어오지 않고 온도와 압력이 완벽한 와인 셀러와 같은 환경을 가진 이 배는 그 당시 러시아 귀족들의 입맛을 고스란히 보존하고 있었다고 한다.

재료

옐로우 샤르트뢰즈 10*ml*
차가운 샴페인 혹은 드라이 스파클링 와인 150*ml*
가니시 : 레몬 껍질

만드는 법

모든 재료를 샴페인 글라스에 넣는다. 레몬 껍질로 마무리한다.

CHARLESTON

찰스턴, 포르투갈 마데이라

1419년 항해가인 포르투갈의 돔 엔히크dom Henrique 왕자가 모로코 해안으로부터 500킬로미터 떨어진 무인도인 마데이라 섬을 발견했다. 이곳의 기후는 사탕수수 재배에 적합했음에도 불구하고 포르투갈의 오랜 와인 산업 덕분에 섬은 자연스럽게 포도밭으로 변하게 되었다. 여기에서 초창기 생산된 와인은 본토로 돌아가는 길에 빠르게 상해 버려서 상품 가치를 잃어버렸지만, 카샤사와는 다른 종류의 마데이라의 사탕수수 증류주를 첨가하여 알코올을 강화한 이후에는 이러한 문제가 해결되었다.

이제 마데이라 와인이 바다 항해를 견딜 수 있게 된 이후, 와인 소비자들은 신기한 현상 하나를 발견하였는데, 바로 바다 위에 더 오래 있을수록 와인의 맛이 더 좋아진다는 것이었다. 다른 와인들은 열과 산소에 노출되면 상하지만, 마데이라 와인은 오히려 그 반대의 현상을 보인 것이다. 이러한 현상을 관찰한 마데이라 사람들은 이제 오랜 항해의 효과를 대체할 수 있는 방법으로 와인이 산화할 수 있도록 덥고 습한 다락방에서 강화 와인을 숙성하기 시작하였다.

마데이라 와인은 쉽게 상하지 않았고, 다른 와인들보다 더 멀리 갈 수 있을 뿐만 아니라, 영국에 세금을 내지 않아도 되었기에 미국의 식민지인 특히 남부 도시인 사우스 캐롤라이의 찰스턴에서 매우 각광받았다. 미국 건국의 아버지들은 독립선언문을 선언하며 마데이라 와인으로 축배를 들었고, 프랜시스 스코트 키Francis Scott Key는 이것을 마시며 이후 미국의 국가인 「성조기여 영원하라The Star-Spangled Banner」를 작곡하였다.

이러한 황금기를 보낸 이후 마데이라 와인의 인기는 급락하였다. 하지만 최근 전세계적인 와인의 인기와 크래프트 칵테일의 귀환 속에 마데이라 와인은 다시 주목을 받고 있다. 음식평론가 매트 앤 테드 리Matt and Ted Lee가 만든 이 레시피는 마데이라 와인과 미국 남부의 버본 위스키를 페어링하여 두 나라에 찬사를 보내는 동시에 매우 간단하면서도 고풍스러운 풍미를 준다.

재료

드라이 마데이라 와인(Sercial 또는 Verdelho) 45ml
아메리칸 버본 위스키 45ml
아로마틱 비터 2~3dashes
가니시 : 오렌지 껍질

만드는 법

모든 재료를 믹싱 글라스에 넣는다. 얼음을 넣고 충분히 젓는다. 미리 차갑게 한 쿠페 글라스에 따른다. 오렌지 껍질로 마무리한다.

COFFEE COCKTAIL

커피 칵테일, 포르투갈 빌라 노바 데 가이아

잉글랜드와 포르투갈은 오랜 기간 서로 매우 우호적인 관계였다. 그래서 영국이 프랑스와 전쟁을 치르던 18세기 초반, 영국의 수입상들은 프랑스 와인 대신에 포르투갈 와인을 수입하게 되었다. 포르투갈 와인은 관세 또한 매우 낮았기 때문에 도우로 지방의 와인은 영국에서 곧 인기를 얻게 되었다. 그런 덕에 빌라 노바 드 가이아Vila Nova de Gaia 지방의 도우로 강가에는 곧 영국인 소유의 창고인 크로프트Croft, 코범 Cockburm, 샌드맨Sandeman 등이 점점 들어서게 되었다.

도우로에서 영국으로 수출되는 와인은 바다의 열기와 습도를 견디기 위해서 스피릿을 넣어 강화하였다. 인기가 너무 좋아 공급이 수요를 따라가지 못하자, 맛과 색을 내기 위해서 설탕과 엘더베리와 같은 것을 저급 와인에 첨가하였는데, 이는 곧 도우로 와인의 명성에 먹칠을 하였다. 1756년에는 와인 산업이 큰 위기를 맞이하였고, 이 때문에 당시 총리였던 마르케스 드 폼발Marques de Pombal은 세계 최초의 와인 품질 관리 및 생산 회사인 '깜빠니아 제랄 드 아그리컬뚜레 다스 비냐스 알뚜 도오루Companhia Geral de Agricultura das Vinhas do Alto Douro'를 만들었다. 이들의 관리에 따라 생산된 도우로 와인은 품질과 명성을 되찾았다. 도우로 와인 생산자들은 이제 와인 생산 초기 단계에 브랜디를 넣어 포도의 단맛을 조금이라도 더 유지하고자 하였고, 이것이 현재의 포트 와인으로 이어지게 되었다.

도우로 와인 회사는 특별한 운명을 겪었다. 포르투갈 왕권 쟁탈 기간인 1833년, 와인 창고가 파괴되어 약 11만 리터의 와인이 도우로 강으로 흘러 들어가 강을 붉게 물들이는 사건을 맞이하기도 하였다. 하지만 이미 영국 상류층들의 애호품이 되어 버린 질 좋은 포트 와인은 그 명성을 찾는 데 그리 오랜 시간이 걸리지 않았다. 여기서 소개하는 커피 칵테일은 이름과 달리 커피가 들어가 있지 않은 것으로 유명하다. 하지만 제리 토마스Jerry Thomas의 『바텐더 가이드*Bar-Tender's Guide*』 1887년 개정판에는 '제대로 만들었으면 커피와 매우 흡사하며, 그 이름을 가히 취할 만하다'라고 적혀 있다.

재료

달걀 1개
포트 와인 60*ml*
브랜디 30*ml*
가니시 : 육두구

만드는 법

달걀을 깨서 껍질을 제외하고 칵테일 셰이커에 넣는다. 가볍게 달걀을 휘젓고 다른 재료를 넣어 준다. 얼음을 넣지 않고 드라이 셰이킹한다. 다시 얼음을 넣고 충분히 흔들어 준 뒤 포트 와인 글라스나 쿠페 글라스에 더블 스트레이닝한다. 칵테일 위에 육두구를 갈아서 마무리한다.

CONDE NICCOLO

콘데 니콜로, 아르헨티나 부에노스 아이레스

아르헨티나 사람들이 퍼넷 블랑카를 얼마나 좋아하는지는 말로 표현하기 힘들다. 아르헨티나의 수도 부에노스아이레스의 증류소에서는 2013년에 400만 박스의 퍼넷을 생산하였고, 꾸준히 그 생산량을 늘려 2배 이상을 생산하고 있다. 퍼넷의 인기 덕분에 영국에서의 진 토닉(71p 참조)처럼 콜라와 퍼넷 블랑카를 혼합한 믹서인 페르난도를 어디서든 찾아볼 수 있다. 또한 그 인기 때문에 아르헨티나 정부는 2014년에 퍼넷 블랑카를 인플레이션을 관리하는 물가 안정 품목으로도 지정하였다. 이러한 이유로 퍼넷이 아르헨티나산이라고 생각하는 사람들이 많지만, 사실 퍼넷은 이탈리아산 리큐어이다.

1845년 밀라노에서 약초의 향과 쓴맛을 가진 퍼넷 블랑카가 처음 만들어졌고, 19세기 말 이탈리아 출신 이민자들과 함께 아르헨티나에 건너오게 되었다. 퍼넷은 사실 음료로 만들어진 것이 아니었다. 원래는 만병통치약으로 생리통을 완화하고, 소화를 도우며, 두통과 우울증 개선에 도움을 주기 위해서 만들어졌다. 당시 이 약은 강한 알코올과 함께 상당히 많은 아편 성분을 가졌기 때문에 곧 인기를 끌었다.

1990년대 프라텔리 블랑카 회사는 아르헨티나 청년층을 상대로 코카콜라와 퍼넷 블랑카를 혼합한 페르난도의 마케팅을 대대적으로 진행하였다. 아르헨티나에서의 이 마케팅은 양날의 검이 되어, 퍼넷의 소비량은 늘어났지만 퍼넷은 오로지 콜라와 혼합해 마시는 것으로 인식되어 버리고 말았다. 하지만 부에노스아이레스의 스피크이지 바 해리슨에서는 이러한 편견을 깨고 프라텔리 블랑카 회사의 대표인 니콜로 블랑카Niccolò Branca의 이름을 딴 칵테일을 만들었다.

재료

생강 슬라이스 2개
퍼넷-블랑카 60*ml*
라임 주스 30*ml*
시나몬 시럽 30*ml*
가니시 : 시나몬 가루, 사과 슬라이스

만드는 법

생강 조각을 칵테일 셰이커에 넣고 머들링한다. 나머지 재료들과 얼음을 넣고 잘 셰이킹한다. 잘 혼합한 칵테일을 찻잔(또는 올드 패션드 글라스)에 더블 스트레이닝한다. 글라스 위에 가니시로 시나몬 가루와 사과를 올려 준다.

바텐더의 조언 시나몬 시럽을 만들기 위해서는 동일량의 뜨거운 물에 설탕을 잘 녹여 준다. 완성한 시럽에 중간 크기의 시나몬 4~5조각을 넣어 준다. 시나몬 조각을 넣은 시럽을 24시간 동안 냉장고에서 재운다. 재운 시럽은 체에 걸러서 살균한 용기에 옮겨 담는다. 이후에는 냉장고에 보관한다.

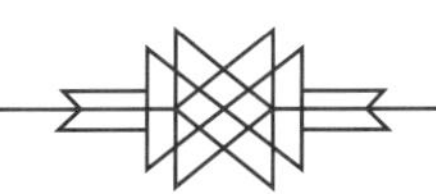

DAIQUIRI

다이키리, 쿠바 다이키리

오리지널 다이키리Daiquiri는 우아하고 간결한, 칵테일의 이상에 가장 가까운 것으로, 과일의 풍미를 가진 다이키리가 아니다. 가장 간단한 3가지 재료로 그냥 만들기만 하면 되는 세계에서 가장 쉬운 칵테일이라고 오해할 수 있으나, 이 단순한 칵테일에서 여러분의 바텐딩 기술이 여실히 드러난다는 것을 확인할 수 있다. 스피릿, 감귤류 그리고 설탕이라는 이 3가지 재료의 완벽한 균형을 찾는 것은 중세의 신학자가 하나님의 존재를 학문적으로 규명하는 것과 비슷하다.

대부분의 역사학자들은 미국인 광산 채굴 엔지니어 제닝스 콕스Jennings Cox가 다이키리를 발명하였다고 이야기한다. 그는 1896년 쿠바로 와서 스패니시-어메리칸 철강 회사를 도와 시에라 마에스트라 산의 철광석을 채굴하는 데 큰 도움을 주었다. 그리고 쿠바 산티아고의 외곽인 다이키리 마을에서 현지의 바카디 화이트 럼과 라임 주스 그리고 설탕을 혼합해 마셨고, 이 칵테일이 주니어 의료 책임자인 루셔스 W. 존슨Lucius W. Johnson의 마음에 들게 되었다. 존슨은 1909년에 이 레시피를 워싱턴의 아미 앤 네이비 클럽으로 가지고 갔으며, 다이키리는 곧 그곳에서 인기를 누리게 된다.

사실 다이키리는 그리 새로운 칵테일은 아니었고 이 미국인이 처음으로 사탕수수 스피릿과 라임 주스 그리고 설탕을 혼합한 것은 더더욱 아니었다. 1898년 미국-스페인 전쟁 때 쿠바 반군들에게 크게 인기 있던 음료 '칸찬차라'와 다이키리의 차이점은 얼음을 사용하지 않고 설탕 대신 꿀이나 사탕수수 주스를 사용한 것이다.

미국인이 다이키리를 만들었지만, 다이키리를 완성한 것은 쿠바인이었다. 하바나의 엘 플로리디타에서 일하는 바텐더 콘스탄티노 리발라이과 베르트Constantino Ribalaigua Vert는 클래식 다이키리를 다양하게 변형하고 완성하여, 제프 '비치범' 베리가 그랬듯이 이 다이키리에 현대 미술처럼 숫자를 붙였는데 이중 '다이키리 넘버 포Daiquiri Number Four'는 훗날 파파도블레가 되어 헤밍웨이의 사랑을 받았다(49p 참조). 여러분이 스스로의 바텐딩 실력을 테스트 받고 싶다면 이 클래식 레시피처럼 만들기를 추천한다.

재료

화이트 럼 60*ml*
라임 주스 22*ml*
시럽 10*ml*
가니시 : 라임 껍질이나 라임 조각

만드는 법

모든 재료를 칵테일 셰이커에 넣는다. 얼음을 넣고 잘 흔들어 준다. 차갑게 한 쿠페 글라스에 더블 스트레이닝한다. 라임 껍질(조각)으로 마무리한다.

바텐더의 조언 라임 주스와 시럽의 양은 라임의 산도에 따라서 조절이 가능하므로 레시피 변형에 고민하지 말기를.

DEATH IN THE AFTERNOON

데스 인 더 애프터눈, 스페인 팜플로나

1923년, 젊은 헤밍웨이가 스페인 팜플로나를 처음 방문했을 때, 이 도시는 매력적이긴 했지만 그리 유명하지 않았다. 하지만 산 페르민 투우 축제는 헤밍웨이를 그 도시에 빠져들게 만들었을 뿐만 아니라, 그의 대표 소설 『태양은 다시 떠오른다*The Sun Also Rises*』와 투우에 관한 수필 『오후의 죽음*Death in the Afternoon*』을 집필할 수 있는 영감을 주었다. 그리고 이 명작들은 지금까지 이어져 팜플로나는 관광 도시로 발돋움하게 되었다.

헤밍웨이에 대해 조금이라도 아는 사람이라면 그가 술을 얼마나 좋아했으며 또한 많은 칵테일의 탄생에 영향을 끼쳤는지 말할 수 있을 것이다. 다만 그의 칵테일은 알코올이 지나치다 싶을 만큼 많이 들어가며, 풍미가 조화롭지는 않다. 앞에서 본 콘스탄티노 리발라이과 베르트의 '다이키리 넘버 포'는 럼을 2배로 넣고 설탕을 넣지 않으며, 현대 칵테일 바에서 헤밍웨이 다이키리 또는 파파도블레로서 여전히 자리를 지키고 있다(47p 참조). 헤밍웨이는 자신의 책 이름을 따서 명명한, 전설적인 힘을 가진 '데스 인 더 애프터눈Death in the Afternoon'이라는 칵테일의 탄생에 크게 기여하였다.

1935년 유명 작가들의 레시피를 모아 낸 책 *So Red the Nose, or, Breath in the Afternoon*에서 헤밍웨이는 다음의 레시피를 적어 놓았다. '압생트 45*ml*에 샴페인을 부어서 적당히 우유 같은 색을 만들어라.' 헤밍웨이가 사용하는 압생트가 알코올 도수 75도라는 것은 알기까지 그리 크게 놀랄 만한 일은 아니다. 하지만 헤밍웨이가 이 레시피를 설명하면서 '3~5잔을 천천히 마셔라'라고 적어 놓은 것을 생각한다면 여러분들은 이 칵테일이 그에 걸맞은 이름을 가지고 있다는 것을 느낄 수 있다.

알코올 중독에 의한 영향도 있겠지만, 헤밍웨이는 말년에 자기 스스로가 팜플로나를 관광객으로 가득 찬 관광지로 만든 것을 자책했다고 한다. 그의 저서 『위험한 여름*The Dangerous Summer*』에서 '내가 팜플로나에 대해서 쓴 것은 현재와 크게 다르지 않다. 다만 그때에는 지금처럼 4만 명의 관광객은 없었다. 내가 이곳을 처음 방문한 40년 전에는 관광객이라고는 20명도 안 되었다'라고 썼다. 마지막 운명의 장난처럼, 헤밍웨이는 1961년 산 페르민 축제를 하루 앞두고 자살했는데, 비극적이게도 그의 서랍 속에는 축제 입장권 2장이 들어 있었다고 한다.

재료
알코올 75도 압생트 45*ml*
스파클링 와인 120*ml*
가니시 : 레몬 껍질 선택 사항

만드는 법
차게 보관한 쿠페 글라스나 샴페인 글라스에 압생트를 따른다. 그 위로 샴페인을 천천히 따른다.

바텐더의 조언 이 칵테일은 레몬 껍질로 가니시를 해 주어도 되고, 헤밍웨이가 적어 놓은 그대로 마셔도 좋다. 다만 매우 조심히 마시길.

DOCTOR

닥터, 스웨덴 예테보리

스웨덴의 '푼쉬Punsch'는 전통적으로 목요일 저녁에 노란콩 수프와 함께 뜨겁게 마시는 리큐어로서, 나시고랭처럼 스웨덴화된 음료이다. 이 술은 엄청나게 유명한 스피릿인 바타비아 아락(145p 참조)으로 만든 것으로, 바타비아 아락은 당밀과 적미(붉은 쌀) 그리고 야자 와인으로 만든 인도네시아의 럼 같은 술이다. 18세기 전세계를 항해하던 스웨덴 선원들은 이 바타비아 아락으로 만든 푼쉬의 맛에 길들여졌고, 1733년에는 그 수요가 폭발하여 스웨덴 동인도 회사가 항구도시 예테보리를 거쳐 아락을 수입하였다. 그리고 곧 아락으로 만든 따뜻한 푼쉬는 스웨덴의 전통이 되었다.

아락 푼쉬의 문제점은 준비하는 것이 매우 귀찮다는 것이었다. 올레오-사카럼(시트러스 오일 시럽, 59p 참조), 레몬 주스, 아락과 향신료들을 뜨거운 물이나 차와 함께 혼합해야 하기 때문이다. 그래서 와인과 스피릿 판매상인 요한 세더룬드Johan Cederlund는 뜨거운 물이나 차만 바로 부어서 마실 수 있는 아락, 시트러스, 설탕 그리고 향신료가 혼합된 제품을 만들면 참 간편하겠다는 생각을 했고, 1845년 푼쉬를 제품화하여 판매하기 시작하였다. 푼쉬는 원래 뜨거운 물과 차를 부어 마시도록 고안된 것이지만, 많은 스웨덴 사람들은 이것을 리큐어로 취급하여 차갑게 마시거나 커피와 함께 즐기기 시작하였다. 1850년대에는 다양한 푼쉬 제품이 생산되었다.

이 리큐어의 인기는 미국에까지 전파되었고, 20세기 초에는 몇몇 칵테일들의 부재료로 등장하기 시작하였지만, 이 인기는 그리 오래가지 못하였다. 1917년 스웨덴 정부는 알코올의 생산과 유통을 시스템불라겟을 통해서 국유화하였고, 이로 인해서 많은 브랜드가 핀란드로 건너가게 생산되었다. 곧 이어 미국의 시대가 도래하였고 이렇게 암흑기에 들어갔던 푼쉬는 트레이더 빅Trader Vic(95p 참조) 같은 티키 바텐더들에 의해 미국에서 다시 인기를 얻고 있다.

'닥터Doctor'칵테일은 1916년 휴고 엔슬린Hugo Ensslin의 책 *Recipes for Mixed Drinks*에 스웨디시 푼쉬와 라임 주스라는 간단한 레시피로 처음 등장한다. 하지만 여기에서는 좀 더 발전되어 복잡하지만 만족감을 주는 트레이더 빅의 레시피를 소개한다.

재료

스웨디시 푼쉬 45*ml*
다크 럼 22*ml*
레몬 주스 7*ml*
라임 주스 7*ml*
오렌지 주스 7*ml*
가니시 : 레몬 껍질

만드는 법

모든 재료를 칵테일 셰이커에 넣는다. 얼음과 함께 차갑게 셰이킹해 준다. 차갑게 한 쿠페 글라스에 더블 스트레이닝한다. 레몬 껍질로 마무리한다.

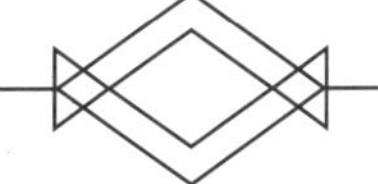

EAST INDIA

이스트 인디아, 인도 뭄바이

영국이 17세기 칵테일의 탄생지라면 미국은 19세기 칵테일이 성장한 곳으로, 탄생지보다 참신하다는 평가를 받았다. 사실 초기 영국인 바텐더들이 만든 많은 칵테일 중에는 물론 싱가포르 슬링(152p 참조)과 페구 클럽(120p 참조)과 같은 전세계적으로 알려진 칵테일도 있지만 성공작보다 실패작도 많았다.

하지만 영국인들은 영국뿐만 아니라 광범위한 영국 연방에서 칵테일을 만들었다. 싱가포르에 래플즈 호텔이 있다고 믿는 것처럼 싱가포르 슬링을 포함하여 오히려 영국 아닌 곳에서 많은 칵테일이 만들어졌다. 미국의 바텐더들은 많은 칵테일을 만들었고, 이 칵테일은 영국 연방 곳곳의 아메리칸 바에서 알려지고 있다. 칵테일 역사가인 데이비드 원드리치David Wondrich에게 '이스트 인디아East India'는 현대의 여행하는 스타 바텐더들의 전조처럼 초기의 칵테일 선구자들에 의해 만들어졌다고 한다. 이 칵테일은 누가 발명했는지는 알려져 있지 않은 미스터리지만, 바텐더이자 작가인 해리 존슨Harry Johnson의 1882년 노트에서 등장한다. 그는 이 칵테일을 '동인도의 다른 지역에 사는 영국인들이 가장 사랑하는 칵테일'이라고 설명하고 있다.

이 칵테일이 처음 정확히 어디에서 누구에 의해서 만들어졌는지는 알려져 있지 않지만, 유명한 저술가이자 여행가인 찰스 H. 베이커가 여행하던 시기에는 영국 연방 전역에서 그 인기를 누리고 있었다. 1932년에 그가 뭄바이의 로열 봄베이 요트 클럽에서 이 레시피를 기록했을 때에도 기본적으로 브랜디 칵테일은 이국적인 감미료로 인해 입맛을 돋우게 만들어져 있었고, 그 이전 해리 존슨의 레시피와 크게 달라진 것은 없었다. 이 칵테일처럼 완벽한 레시피라면 굳이 다른 버전으로 아류를 만들 필요는 없다.

재료

코냑 60*ml*
오렌지 큐라소 5*ml*
파인애플 검 시럽 5*ml*
아로마틱 비터 또는 오렌지 비터 3 dashes
마라스키노 2*ml*
가니시 : 마라스키노 체리

만드는 법

모든 재료를 믹싱 글라스에 넣는다. 얼음을 넣고 잘 젓는다. 차가운 쿠페 글라스에 부어 준다. 체리로 마무리한다.

바텐더의 조언 파인애플 시럽 만들기 : 파인애플을 2cm 크기로 깍둑썰기한 뒤 그릇에 담고 시럽으로 덮어 준다. 하룻밤 동안 재운 다음 걸러서 깨끗한 병에 넣고 냉장 보관한다.

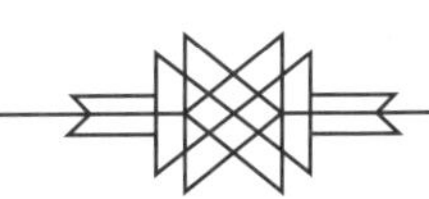

EL MOROCCO

엘 모로코, 모로코 탕헤르

찰스 H. 베이커는 1939년 자신의 책 *The Gentleman's Companion*에서 '엘 모로코El Morocco' 칵테일을 소개하면서 이 칵테일의 기원을 명확하게 하기 위해 많은 노력을 하였다. '뉴욕에 있는 레스토랑의 이름과 같지만 엘 모로코는 북아프리카에서 탄생한 칵테일이다. 이것은 1938년 지중해 크루즈 기행을 했던 나의 믿을 만한 친구의 기록이며, 그는 북아프리카 탕헤르에서 이 칵테일을 경험하였다'. 그가 이렇게 분명히 이야기해야만 했던 이유는 엘 모로코가 칵테일 이름이기도 하고 동시에 금주법 시대 이후 뉴욕에서 가장 유명한 나이트클럽의 이름이었기 때문이다.

엘 모로코 나이트클럽은 금주법이 철폐되기 2년 전인 1931년, 뉴욕에 '스피크이지speakeasy' 스타일로 처음 문을 열었다. 이곳이 도시의 명소가 되는 과정은 믿기 힘들 정도였다. 작가 루셔스 비베Lucius Beebe가 1937년에 *El Morocco's Family Album*이라는 회고록에 '지금까지 뉴욕의 역사를 보더라도, 그 누구도 이 가장 화려한 도시의 빛들이 거리에 숨겨진 비밀스런 은신처에 모든 명성을 빼앗길 것이라고는 상상하지 못했다'라며 이 클럽의 명성을 기록하고 있다. 할리우드 스타였던 클라크 게이블Clark Gable, 키티 칼라일 하트Kitty Carlisle Hart 그리고 캐리 그랜트Cary Grant뿐만 아니라 조지 거쉬인George Gershwin과 빙 크로스비Bing Corsby와 같은 유명인들도 단골이었다. 1930년대와 40년대 사교계의 정점을 찍었던 재클린 부비에Jacquelin Bouvier ; 훗날 재클린 케네디 그리고 재클린 오나시스가 미래의 남편이 될 사람들과 함께 엘 모로코 클럽을 찾았던 것으로 알려졌다.

클럽이 성공하는 데 가장 큰 영향을 준 3가지 중요한 요소는 벨벳 로프, 완전히 구분된 좌석 그리고 매력적인 사진이었다. 당시의 흑백사진을 가장 잘 활용한 곳이 이곳이었다. 신문의 사회면을 읽는 사람들은 흑백사진을 통해 자신의 우상이 블루와 화이트로 디자인 된 엘 모로코 클럽을 방문했다는 사실을 충분히 알 수 있었다. 코냑과 포트와인 그리고 파인애플 주스를 정교하게 혼합한 북아프리카 칵테일은 당시 엘 모로코 클럽의 디자인만큼이나 매력적으로 보인다.

재료

코냑 30*ml*
타우니 또는 루비 4~6년 정도 숙성된 포트 와인 15*ml*
파인애플 주스 30*ml*
오렌지 리큐어 7*ml*
라임 주스 7*ml*
그레나딘(석류) 시럽 5*ml*
가니시 : 파인애플 조각

만드는 법

모든 재료를 칵테일 셰이커에 넣은 뒤 얼음을 넣고 충분히 셰이킹한다. 차가운 글라스에 더블 스트레이닝 한다. 가니시를 원하면 파인애플 조각을 활용해도 좋다.

FALLING WATER

폴링 워터, 뉴질랜드 웰링턴

피조아 나무는 뉴질랜드 어디에서나 쉽게 찾아볼 수 있다. 생과를 먹을 시기가 짧은 만큼 뉴질랜드에서는 피조아를 이용하여 잼 · 파이 · 처트니 · 살사 등을 만들어 즐긴다. 구아바처럼 생긴 피조아 열매의 풍미는 민트의 향에 파인애플과 바나나를 혼합한 느낌이며 설명할 수 없는 중독성을 가지고 있다. 쉽게 물러지고 나무에서 떨어진 뒤 며칠이면 뭉그러지는 피조아는 그 맛과 매력이 아무리 뛰어나도 상업적인 작물이 될 수 없었다.

피조아는 뉴질랜드를 대표하는 과일로 여겨지지만, 사실 이 과일의 원산지는 남아메리카 라 플라타 강이다. 피조아 나무는 장식용으로 20세기 초반에 세계적으로 널리 퍼져 나갔으며, 1908년 뉴질랜드에서 재배하기 시작했다. 뉴질랜드의 기후와 잘 맞았던 피조아는 빠르게 뉴질랜드의 일부가 되었다.

뉴질랜드 내에서 피조아가 차지하고 있는 위상을 단적으로 보여 주는 것은 웰링턴의 차고에서 42 빌로우42 Below를 만든 조프 로스Geoff Ross가 보드카 제조를 시작한 초창기부터 피조아 플레이버드 보드카를 만들기 위해서 노력한 것을 보면 충분히 이해할 수 있다. 물론 이 보드카는 '사후에 진가를 보여 준 반 고흐Van Gogh처럼, 이 작은 아름다움은 아직 그 가치가 드러나지 않았다'라는 회사의 설명대로 모든 이들을 만족시키는 보드카는 아니다.

폴링 워터 하이볼은 '42 빌로우 페이조아'와 '치Ch'i'라는 뉴질랜드산 허브 탄산 음료 그리고 오이 슬라이스로 만든다. 이 칵테일은 웰링턴의 한 바텐더가 3가지 재료의 색이 초록색이기 때문에 서로 잘 어울릴 것이라는 생각을 하면서 만들게 되었다(Ch'i는 초록색 병에 담겨 있고, 피조아 보드카는 라벨이 초록색이다). 이 칵테일은 피조아처럼 대단히 특이한 매력을 가지고 있으며, 42빌로우 페이조아를 가장 많이 소비하는 마터호른 산에서 매우 인기가 있다.

재료

42 빌로우 피조아 보드카 60*ml*
치Ch'i 120*ml*
가니시 : 오이 슬라이스

만드는 법

콜린스 글라스에 보드카와 치Ch'i를 넣고 그리고 얼음을 채운다. 오이 슬라이스로 마무리한다.

바텐더의 조언 만약 Ch'i를 구하지 못한다면 탄산이 첨가된 레몬에이드나 레몬-라임 탄산음료로 대체해도 된다.

FISH HOUSE PUNCH

피시 하우스 펀치, 미국 필라델피아

펜실베니아 주 스쿨킬에 자리한 스쿨킬 피싱 컴퍼니는 1738년 개업하여 지금도 운영되는 세계에서 가장 오래된 사교 클럽이라고 자부한다. 1787년 조지 워싱턴이 이 클럽을 방문하였고, 미국 헌법을 작성하였다. 그는 분명히 클럽의 시그니처 드링크인 '피시 하우스 펀치Fish House Punch'를 한두 잔쯤은 권유 받아 마셨을 것이다. 하지만 이 클럽의 펀치는 공포스러울 정도로 술이 많이 들어가 지나치게 강한 나머지 조지 워싱턴은 이곳을 방문한 이후 사흘간 일기를 쓰지 못했다고 전해진다.

이 펀치에 대한 초기의 기록은 클럽 회원들이 마셔 대는 펀치의 양에 대한 찬가 일색이었다. 1744년 윌리엄 블랙William Black은 '여섯 마리의 어린 거위가 헤엄칠 만큼 충분한 양의 좋은 레몬 펀치가 나왔다'라고 하였다. 1885년에는 이 펀치의 위험성에 대해서 잘 알려진 다음과 같은 우스갯소리 또한 나왔다. '저기 도시 외곽에 작은 장소가 있는데, 거기에 점심을 먹으러 가면 그들은 피시 하우스 펀치라는 음료를 마시고 자기 장모조차 알아보지 못한다네'라고 말이다. 이 클럽의 회원들은 금주법 시대에도 금주법을 무시하고 계속해서 이 펀치를 만들어 마셨다고 알려져 있다.

여기에 소개한 레시피는 1795년 데이비드 원드리치의 책 *Punch: the Delights (Dangers) of the Flowing Bowl*에서 소개되었으며, 이는 조지 워싱턴을 숙취에 시달리게 했던 그 당시의 레시피와 크게 다르지 않다. 이 펀치는 그때나 지금이나 여전히 위험하며 맛있다.

재료 – 10인분

레몬 12개
설탕 450 g
레몬 주스 700*ml*
다크 럼 700*ml*
코냑 350*ml*
피치 브랜디 350*ml*
차가운 물 1L
가니시 : 레몬과 육두구 가루

만드는 법

레몬 껍질을 벗겨 내어 레몬의 아로마를 가진 올레오-사카럼 시럽Oleo-Saccharum Syrup을 만든다. 레몬 껍질의 흰 부분을 최대한 제거하며 레몬 과육을 착즙한다. 시럽을 만들기 위해서는 설탕과 함께 레몬 껍질을 함께 넣고 짓이긴다. 설탕이 충분히 레몬 껍질의 오일을 머금을 때까지 짓이긴다. 1시간 이상 지난 뒤에 레몬 껍질을 분리한다. 이렇게 만든 시럽을 레몬 주스과 함께 펀치 볼에 부어 준다. 레몬 주스와 시럽을 잘 저은 뒤 다크 럼과 코냑, 피치 브랜디를 붓는다. 여기에 찬물을 넣어 맛과 향의 균형을 만들고 큰 얼음 덩어리를 넣어서 펀치를 차게 한다. 한 잔씩 떠서 마시는데, 글라스에 레몬 휠과 넛멕 가루 가니시를 올려 준다.

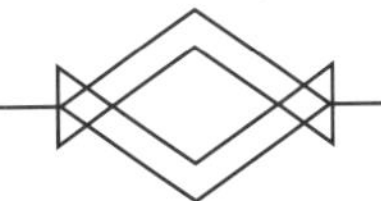

FLAME OF LOVE MARTINI

플레임 오브 러브 마티니, 미국 로스앤젤레스

1970년대의 마티니는 이미 그 원형이라 불리는 마르티네즈(101p 참조)와는 전혀 다른 것이 되었다. 진이 아닌 보드카가 그 자리를 대신했으며, 마티니에서 중요한 버무스와 비터 또한 이제는 겨우 흔적만이 남아 있을 뿐이었다.

이러한 일련의 일들은 당연히 여러 원인에 의해서 일어난 것이다. 보드카는 1940년대 후반 미국의 특별한 스피릿이 되었으며, 제임스 본드의 '젓지 말고 흔들어서'라는 영화 대사 덕분에 1960년대 대중문화에서 호황기를 누렸다. 1975년, 보드카는 드디어 미국에서 가장 인기 있는 스피릿이 되었다. 버무스는 금주법과 2차 세계대전의 영향으로 생산이 줄었으며, 드라이 버무스는 보드카와도 어울리지 않았기 때문에 그 자리를 빼앗겼다. 예전에는 마티니에 필수적이었던 오렌지 비터 또한 금주법 시대를 지나며 그 자취를 감추었다.

그래서 1970년대 미국의 힙바에서 마티니를 주문하면, 딘 마틴Dean Martin이 좋아했던 것처럼, 보드카만 많이 들어가고 다른 것들은 매우 조금씩 들어간 음료를 받게 되었다. 마티니를 좋아한 딘 마틴은 유명인들로 붐비는 베벌리힐스의 체이슨이라는 바에서 바텐더 페페 루이즈Pepe Ruiz에게 새로운 무언가를 요구했다. 페페는 셰리 와인으로 린스한 믹싱 글라스에 보드카를 넣고 스터하여 마티니 글라스에 서비스하였다. 여기까지는 그렇게 특별하지 않았지만 이 칵테일의 묘미는 가니시에 있다. 페페는 마티니 글라스 위에서 오렌지 껍질의 에센스에 불을 붙였다. 이렇게 하면 캐러멜화된 오렌지 에센스의 아로마가 칵테일에 들어가서 오렌지 비터의 자리를 대체하였으며 고객에게는 볼거리를 주었다. 그렇기 때문에 프랭크 시나트라Frank Sinatra가 체이슨에서 열린 자신의 생일 파티에서 52잔의 '플레임 러브 마티니Flaming Love martini'를 주문했는지 이해가 될 것이다. 여러분이 이것을 한번 만들어 본다면 아마도 그날 일했던 페페가 불쌍하게 여겨질 것이다.

재료

오렌지 1개의 껍질
보드카 60*ml*
피노 또는 만자니아 셰리 와인 5*ml*

만드는 법

오렌지 껍질의 흰 부분을 최대한 제거하여 준비한다. 믹싱 글라스에 보드카와 셰리를 넣는다. 얼음을 넣고 잘 젓는다. 차가운 쿠페 또는 마티니 글라스에 가니시로 사용할 껍질 1개를 제외한 나머지 오렌지 껍질을 이용해 플레이밍한다. 플레이밍은 오렌지 껍질과 글라스 사이에 불 붙은 성냥을 놓은 상태로 껍질을 눌러서 에센스를 글라스에 향해 분사해 주면 된다. 그런 이후 미리 스터한 칵테일을 글라스에 부어 주고 마지막 남은 오렌지 껍질을 플레이밍하고 칵테일에 넣어 준다.

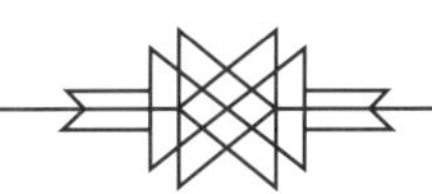

FOUR SEASONS GATHERING

포 시즌스 게더링, 그리스 히오스

대부분의 사람들은 그리스의 대표 술을 물어보면 '우조ouzo'라고 대답한다. 우조는 분명 그리스의 술이지만, 그렇게 독특하지는 않다. 아니스 향의 술은 레바논의 아락Arak, 아르메니아의 오기Oghi, 터키의 라키Raki, 이탈리아의 삼부카Sambuca, 프랑스의 빠스티스Pastis와 스페인의 아니스Anis처럼 지중해 주변에서 많이 찾아볼 수 있다. 그리스만의 독특한 것을 찾는다면 마스티하Mastiha를 추천한다. 스피릿에 유향나무의 향기로운 수액을 넣고 침출한 이 술은 그리스 히오스 섬에서만 찾아볼 수 있다.

유향나무는 지중해 연안 전역에서 자라지만, 기후적 요건 때문에 히오스와 터키의 체쉐메 반도의 일부분에서만 재배가 가능하고 수액을 채취할 수 있다. 수액 생산자들은 나무껍질에 조그마한 구멍을 뚫고 끈적한 눈물처럼 나오는 수액을 모은다. 미리 깨끗하게 탄산 칼슘으로 코팅된 땅에 떨어진 수액은 구슬처럼 단단하게 되어 사용할 준비가 된다. 그리스 역사가 헤로도토스Herodotos는 기원전 440년, 자신의 책 『히스토리*Histories*』에서 이것을 방부제처럼 지중해 사람들의 구취 제거와 치아 미백제로 사용되었다고 기록하고 있다. 여러 면에서 오늘날 츄잉 껌의 전신이라고 할 수 있는 이러한 유향 껌 무역의 가치 때문에 히오스 섬을 둘러싸고 로마와 비잔틴, 옛 스위스와 오토만 제국이 이 지역의 정복을 위해 나서기도 하였다.

유향 수지가 가지고 있는 허브와 흙, 민트, 아니스 그리고 당근의 독특한 풍미는 사실 칵테일 재료로 사용하기에 쉽지는 않다. 이런 풍미에도 불구하고 또는 더욱 그렇기 때문에 유향 수지는 아테네 활기찬 바 문화에서 각광 받는 재료 가운데 하나가 되었다. 여기에 소개한 이 칵테일은 바바 오 럼의 사장인 타노스 프루나루스Thanos Prunarus의 레시피로, 라벤더로 인퓨전하여 신선한 유향 수지의 허브 향을 가지고 있으며 감칠맛 나는 신맛을 내었다.

재료

라벤더를 재운 마스티하 55*ml*
레몬 주스 15*ml*
핑크 그레이프푸르트 주스 15*ml*
마라스키노 리큐어 5*ml*
바닐라 시럽 5*ml*
아로마틱 비터 2dashes
라벤더 비터 1dash
가니시 : 핑크 그레이프푸르트 껍질과 라벤더

만드는 법

모든 재료를 칵테일 셰이커에 넣는다. 얼음을 넣고 잘 흔들어 준다. 차가운 쿠페 글라스에 더블 스트레닝한다. 라벤더 한 줄기와 그레이프푸르트 껍질로 마무리한다.

바텐더의 조언 라벤더로 인퓨전한 마스티하를 만들기 위해서는 말린 라벤더 1티스푼을 마스티하 350*ml*에 넣고 20시간 동안 우린 뒤 잘 걸러 주면 된다.

FRENCH 75

프렌치 75, 프랑스 파리

1899년 바스티유 데이에서 첫선을 보인 프랑스의 75구경 대포(1897년 모델)는 당시에는 최첨단 무기로, 적들에게는 공포의 대상이었다. 프랑스는 이 대포가 얼마나 뛰어났던지 15년 뒤에 일어난 1차 세계대전에서도 아주 잘 사용하였다. 이 대포는 분당 75mm 포탄 30발을 발사할 수 있었고, 수압식 반동으로 자동 영점 조준이 되어 발사 이후에 재조준할 필요가 없었다. 군인들이 술을 좋아한다는 사실을 감안하면, 이 대포가 칼바도스(프랑스산 사과 브랜디)와 진, 압생트 그리고 그레나딘 시럽이 들어간 강력한 이 칵테일에 이름을 빌려주었다는 것은 놀랄 만한 일은 아니었다. 1919년 헤리 맥켈혼의 책 *ABC of Mixing Cocktails*에서 '이 칵테일은 전쟁 중 프랑스에서 매우 유명하였고, 프랑스의 대포에서 그 이름이 유래되었다'고 소개되었다. 사실 이 아름다운 칵테일은 현재 우리가 칵테일 바에서 주문하여 마시는 것과는 매우 다르다.

맥켈혼의 75 칵테일과 오늘날 '프렌치 75French 75'의 레시피는 복잡하게 변경되었다. 약간의 레몬 주스가 첨가되고 칼바도스와 압생트 그리고 그레나딘은 사라졌으며, 이는 샴페인과 설탕으로 대체되었다. 칵테일 역사학자들은 맥켈혼의 75 칵테일과 1930년도 *Savoy Cocktail Book*에 처음 등장한 프렌치 75가 연관성이 있는지 논쟁을 지속해 오고 있으며, 프렌치 75는 점점 세계적으로 알려지기 시작했다. 칵테일 역사학자인 데이비드 원드리치는 사실 1930년대 당시에도 레몬 그리고 샴페인의 조합이 그렇게 새로운 것은 아니라고 한다. 찰스 디킨스Charles Dickens가 시카고를 방문했던 1867년, 그가 손님을 접대하기 위해서 진과 시트러스, 설탕, 샴페인을 혼합한 '올드 톰 진과 샴페인 컵'이라는 칵테일을 만들었다고 이야기한다.

데이비드 엠버리의 1948년 작품 *Fine Art of Mixing Drinks*에는 진 대신 코냑을 사용한 프렌치 75에 대한 마지막 변형 레시피가 있다. 그는 이 책에서 '코냑의 자리에 진을 대신 사용하기도 한다. 하지만 그렇게 되면 더 이상 프렌치라는 이름을 써서는 안 될 것이다'라고 적혀 있다. 그렇기 때문에 프렌치 75를 코냑으로 만들어야 한다는 옹호자들이 있지만, 이 책에서는 진을 고집하는 맥켈혼의 오리지널 레시피에서 유래한 버전을 소개한다.

재료

진 60ml
레몬 주스 15ml
시럽 7ml
샴페인 또는 드라이 스파클링 와인 60ml
가니시 : 레몬 껍질

만드는 법

샴페인을 제외한 모든 재료를 셰이커에 넣고 얼음과 함께 잘 흔들어 혼합한다. 콜린스 글라스에 더블 스트레이닝한 뒤 샴페인을 붓고 얼음을 채운다. 가니시는 레몬 껍질로 한다.

FYNBOS

핀보스, 남아프리카공화국 케이프타운

남아프리카의 남부는 케이프 식물Cape Floristic 지역으로서 생물 다양성이 뛰어나 세계에서 가장 중요한 장소로 알려져 있다. 이곳은 '핀보스Fynbos'라는 식물로 가득 차 있다. 핀보스는 남아프리카산 식물과 관목을 지칭하는 말로, 부드러운 잎을 가지고 있으며, 잘 알려진 루이보스 차는 이곳이 원산지인 아스파라사스 리네아리스라는 침엽수의 잎으로 만든다.

네덜란드 제국주의자들이 케이프 타운을 처음 발견한 1652년에 그들은 이 케이프 식물 지역뿐만 아니라 이곳의 야생 포도Rhoicissus tomentosa ; 케이프 포도도 발견하였다. 그리고 이곳을 포도 재배에 최적지라고 생각하였다. 그리하여 1659년에는 유럽으로부터 가져온 비티스 비니페라 품종을 이 지역에서 재배하기 시작하였고 처음으로 와인이 성공적으로 생산되었다. 1685년에 프랑스를 떠난 위그노들은 이곳으로 와인 양조 기술과 포도 재배 경험을 가지고 왔다. 자바와 마다가스카르 그리고 모잠비크에서 넘어온 노예들의 노동력을 바탕으로 이곳의 포도 경작은 날이 갈수록 발전하였다.

17세기 남아프리카공화국의 와인 산업의 발전에 배경이었던 인종주의와 노예제도는 20세기에 들어와 그들을 위기로 몰아넣었다. 남아공의 인종차별 정책에 반한 국제사회의 무역 제재가 시작되었고, 필록세라(143p 참조)의 시대가 끝이 나면서 다양한 품종을 심었던 남아공에서는 계속해서 와인과 포도가 과잉 생산되면서 결국 국내 수요를 전혀 따라갈 수 없었다. 그렇기 때문에 당시 매우 큰 경제 주체였던 KWVKoöperatieve Wijnbouwers Vereniging는 과잉 생산된 와인들을 값싼 브랜디로 증류하기로 결정한다.

남아공의 브랜디 산업은 인종차별 정책이 끝난 이후 꽃을 피기 시작하였고, 지금은 세계적인 수준의 브랜디를 생산하고 있다. 이 칵테일은 요하네스버그의 바텐더 유진 톰슨Eugene Thompson의 레시피로 현지의 루이보스 차와 브랜디를 같이 사용하며 현지에 맞는 독특한 맛을 만들었다.

재료

남아공 브랜디 60*ml*
루이보스-꿀 시럽 30*ml*
진저 리큐어 15*ml*
오렌지 비터 2dashes
가니시 : 레몬 껍질

만드는 법

모든 재료를 믹싱 글라스에 넣은 뒤 얼음을 넣고 잘 젓는다. 쿠페 글라스에 따르고 레몬 껍질로 마무리한다.

바텐더의 조언 루이보스-꿀 시럽을 만들기 위해서는 진하게 우려낸 루이보스 차를 꿀과 함께 2 : 1 비율로 잘 혼합될 때까지 저으면서 섞어 준다.

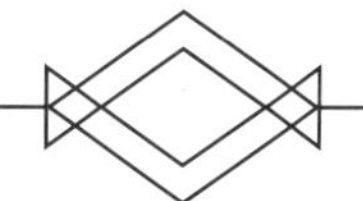

GIMLET

김렛, 영국 플리머스

김렛에 대한 일반적인 설명은 다음과 같다. 1867년 영국의 상선법이 통과되기 직전, 스코틀랜드인 로클란 로즈Lauchlan Rose가 알코올 없이도 라임 주스를 보관할 수 있는 특허를 냈다. 영국의 상선법에 의하면, 영국의 해군 함선에는 괴혈병 예방을 위해서 일정량 이상의 라임 주스를 실어야 했고, 로즈사社의 라임 주스가 영국 해군에 납품되었다. 이후 1879년에는 외과의사인 토마스 데스몬드 김렛Thomas Desmond Gimlette은 선원들에게 라임 주스와 플리머스 항구의 블랙 프라이어스 증류소의 진을 혼합하기를 추천하였다. 또한, 이 진은 잘못하여 대포의 화약에 쏟아도 문제없이 화약을 사용할 정도의 고도수였다. 이렇게 '김렛Gimlette'이 태어났고, 영국 선원들의 사랑을 받았으며 동시에 영국인에게 '라이미Limey'라는 별명이 붙여졌다.

이 이야기는 매우 그럴 듯해 보이지만, 사실 화약에 흘린 플리머스 진보다 더 많은 허점이 있다. 우선 로즈가 태어나기 훨씬 전부터 감귤 주스가 괴혈병을 예방한다고 알려졌었고, 1755년에 이미 영국 해군은 하루에 일정량 이상을 감귤 주스를 의무적으로 섭취하도록 하였다. 또한 1867년 영국 상선법에 의해 사용되는 라임 주스는 15%의 알코올을 함유하고 있어야 했는데, 로즈사의 제품은 알코올이 전혀 함유되지 않았다.

사실 우리가 말할 수 있는 것은 이 칵테일은 영국 해군과 관련이 있고, 플리머스 진으로 만들어졌다는 정도이다. 김렛에 대한 가장 오래된 기록은 상징적인 스코틀랜드 바텐더 해리 맥켈혼의 *ABC of Mixing Cocktails* 1922년판으로 '해군들 사이에서 매우 인기 있는 음료'로 설명하고 있다. 이 레시피에서는 플리머스 진과 로즈사의 라임 코디얼을 50대 50으로 혼합하고 얼음은 선택 사항이었다. 이 책에서 소개하는 레시피는 정확한 역사보다는 맛에 더 집중하여, 선선함을 강조하기 위해 라임 주스를 조금 넣었다.

재료

네이비 스트렝스 진(높은 도수) 45*ml*

라임 주스 22*ml*

라임 주스 코디얼 22*ml*

가니시 : 라임 휠

만드는 법

모든 재료를 칵테일 셰이커에 넣는다. 얼음을 넣고 잘 흔들어 준다. 차가운 쿠페 글라스에 더블 스트레이닝한다. 라임 휠을 올려 마무리한다.

바텐더의 조언 만약 높은 도수의 진을 구하지 못한다면, 일반적인 드라이 진을 60*ml* 넣어도 된다. 로즈 사의 라임 주스 코디얼의 경우, 생산지에 따라서 조금씩 다르지만 미국에서 생산되는 것은 예전과 거의 비슷하다. 만약 좋은 라임 코디얼을 찾지 못하면 인터넷을 참조하여 여러분 스스로 만들어 사용하기 바란다.

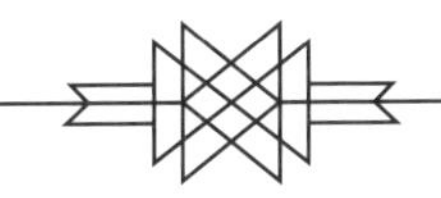

GIN AND TONIC

진 앤 토닉, 인도 콜카타

과거 런던 드라이 진은 더러운 영국의 이미지보다도 더 평판이 좋지 않았다. 17세기 후반, 영국 정부가 스피릿의 수입에 대해 관세를 높이고, 런던 증류주 생산자 조합의 독점을 철폐한 이후 많은 런던의 사업가들은 네덜란드 쥬네버(79p 참조)의 아류인 품질이 좋지 않은 진을 생산하기 시작하였다. 초기 영국의 진은 아주 싸구려 재료로 만들어졌으며, 저급한 품질을 감추기 위해 테레빈유를 넣고 주니퍼 베리의 풍미를 과다하게 사용하였다. 걷잡을 수 없이 유명해진 진은 곧 빈곤과 질병 그리고 범죄와 연결되었다. 1727년 『로빈슨 크루소』를 쓴 작가 대니얼 디포Daniel Defoe는 '증류주 생산자들이 쥬네버라고 불리는 합성된 음료로 빈곤층의 입맛을 사로잡고 있다. 평소와 같이 일반인들은 더 이상 프랑스 브랜디를 높이 평가하지도 원하지도 않는다'라고 불평하였다.

1751년 진 법령이 통과하면서 18세기 초까지 과도한 진의 소비를 제한하기 시작하면서 진이 천천히 영광의 길로 행보를 하기 시작한 계기가 되었다. 1858년 영국 왕실은 영국 동인도 회사를 통해 영국령 인도제국을 세웠고, 이 당시 진은 영국 상인층이 가장 선호하는 술이었다. 영국 왕실이 콜카타의 본사에서 동인도 회사의 행정 업무를 인수인계 받고 있었을 당시 사업가인 에라스무스 본드Erasmus Bond는 탄산이 들어간 토닉 워터를 만들기 위해서 노력하고 있었다. 이 당시 토닉 워터는 영국인들에게 필요한 하루 권장량의 퀴닌 성분을 함유하고 있어야 했다. 이 탄산이 있는 약제인 토닉 워터와 진을 섞어 마신 것이 오늘날의 '진 앤 토닉Gin and Tonic'이다.

진 앤 토닉은 비록 인도에서 만들어졌지만 영적인 고향은 영국이다. 그리고 진 앤 토닉은 스페인에서 진 토닉으로 최고점을 찍었다. 국가 경제가 어려웠을 때, 진 앤 토닉은 그들의 마음을 어루만져 주는 술이 되었다. 그 결과 많은 스페인 바가 매우 다양한 진 앤 토닉 메뉴를 가지고 있으며 각각의 진에 어울리는 특별한 토닉 워터와 가니시를 제공한다.

재료

진 *60ml*
고품질의 토닉 워터 120*ml*
가니시 : 레몬 혹은 라임 조각. 화려한 진 앤 토닉을 원한다면 과일의 껍질이나 로즈마리, 주니퍼 베리 혹은 다른 향신료들을 선택적으로 사용한다.

만드는 법 올드 패션드 글라스나 스페인 스타일의 글라스(와인 글라스와 비슷한 모양)에 진과 토닉을 부어 준다. 조심스럽게 얼음을 넣어 준다. 원하는 가니시로 장식한다.

GIN BASIL SMASH

진 바질 스매쉬, 독일 함부르크

최근 세계적으로 진행된 크래프트 칵테일 운동은 세계의 음료 트렌드에 새로운 성과를 보여 주었지만, 신기하리만큼 모던 클래식이라 일컫는 칵테일은 많이 생기지 않았다. 음료 책 저자이자 바텐더인 제프리 모건테일러는 '모던 클래식이란 잘 알려져 있고, 클래식 칵테일처럼 세계 대부분의 바에 있는 일반적인 재료와 기술로 만들 수 있어야 하며, 다양한 변화에도 유연하게 대체할 수 있어야 한다'고 말한다. 하지만 크래프트 칵테일 바텐더들은 오리지널 레시피를 조정하여 개개의 스피릿 제품에 정확하게 맞추기에 급급할 뿐 아니라, 만연하게 퍼진 홈메이드 비터와 시럽은 오히려 칵테일의 분열을 이끌었다.

하지만 다행스럽게도 혁신적인 바에서 정의에 맞게 잘 만든 몇몇의 모던 클래식이 있다. 유명한 뉴욕 페구 클럽의 저명한 바텐더 오드리 손더스Audrey Saunders는 디 올드 쿠반, 얼그레이 마티니 그리고 진-진 뮬을 만들었다. 이제 고인이 된 딕 브래드셀Dick Bradsell은 에스프레소 마티니, 브램블, 트리클을 남겼다. 샘 로스Sam Ross의 페니실린 또한 모던 클래식이라 불리기에 부족함이 없고, 폴 해링턴Paul Harrington이 만든 자스민도 그 자리를 차지할 만하다. 그렇지만 2008년 외르크 마이어Jörg Meyer가 함부르크에 있는 자신의 바 르 리옹에서 만든 '진 바질 스매쉬Gin Basil Smash'를 능가할 만한 칵테일은 그리 많지 않다.

사실 이 칵테일은 1880년대 이후 어느 바에서나 만들어질 수 있었던 칵테일이다. 칵테일 문화의 선구자인 제리 토마스가 진 픽스에 한 줌의 바질만 넣었더라도 충분했을 것이다. 4가지의 재료와 간단한 테크닉만이 필요한 이 칵테일은 쉬워 보이지만 복합적인 맛 이상으로 우아함과 간결함의 극치를 보여 준다. 이제는 전 세계 어디서든지 찾아볼 수 있다는 것이 놀랄 만한 일도 아니다.

재료

레몬 반 개
큰 바질 잎 10개
진 60*ml*
시럽 15*ml*
가니시 : 바질 한 줄기

만드는 법

조각 낸 레몬을 바질과 함께 칵테일 셰이커에서 머들링한다. 나머지 재료와 얼음을 넣고 충분히 차가워질 때까지 흔들어 준다. 올드 패션드 글라스에 더블 스트레이닝하여 따른 다음 얼음을 채우고 바질 잎으로 가니시한다.

바텐더의 조언 더 좋은 결과를 위해서는 런던 드라이 진보다는 좀 더 가볍고 꽃 향기가 나는 '신세계' 진을 사용할 것을 권한다. 레몬의 산도에 따라서 레몬 주스의 양과 시럽의 양을 조절할 필요가 있으니 유의한다.

GREEN SWIZZLE

그린 스위즐, 바베이도스 브리지타운

여러분들은 이런 이야기를 들어 본 적이 있는가? 한 남자가 친구와 함께 바에 들어왔다. 비피Biffy라는 이 친구는 연정을 품은 다른 여자가 있음에도 한 여자와의 결혼을 약속한 곤란한 상황에 처해 있었다. 이런 처지에 짜증이 난 버티 우스터Bertie Wooster라는 이 남자는 마음을 안정시킬 수 있는 칵테일을 주문하였다. 서비스된 칵테일은 마법 같은 효과를 발휘하였고, 연달아 3잔을 마신 버티는 '내가 결혼하여 아들을 낳으면, 웸블리에서 나를 구한 이 칵테일의 이름을 따서 부르겠다'라고 이야기하였다.

이 '그린 스위즐Green Swizzle'의 명성은 P. G 워드하우스P. G Wodehouse가 쓴 불멸의 문학작품인 '*The Rummy Affair of Old Biffy*'라는 단편소설의 덕을 많이 보았다. 하지만 이것은 칵테일 자체에 관련된 양날의 검이었다. 최근까지도 이 칵테일은 실제가 아닌 단순히 소설에만 나오는 가공의 음료로 여겨지기도 하였다.

역사 연구학자인 다르시 오닐Darcy O'Neil의 노력 덕분에 그린 스위즐이 실제로 존재하였음을 알게 되었고, 이 칵테일을 초록빛으로 만들기 위해 압생트와 비슷한 웜우드 비터를 사용한다는 것이 세상에 알려졌다. 이런 내용이 알려진 것은 1890년대 말 이 칵테일이 널리 퍼졌던 소앤틸리스 제도의 바베이도스 섬에 있는 브리지타운 클럽의 기록 덕분이다. 레시피 자체도 매우 유동적으로 변하기 쉬웠다. 데이비드 원드리치는 *Imbibe!*에서 '이 칵테일의 일관된 재료는 웜우드 비터와 스피릿 그리고 크러시드 아이스'라고 적어 놓았다. 여기서 소개하는 레시피는 원드리치의 해석이 들어간 것으로, 바베이도스의 재료인 럼 베이스의 스파이시한 풍미를 가진 라임 리큐어인 팔레르넘을 사용하고 있다.

재료

럼, 진 또는 올드 톰 진, 쥬네버 중 여러분이 원하는 재료 45*ml*
팔레르넘 30*ml*
라임 주스 30*ml*
웜우드 비터 5*ml*
선택 사항으로 탄산수 60*ml* 또는 앙고스투라 비터 조금
가니시로는 민트 한 줄기

만드는 법

베이스로 선택한 스피릿과 팔레르넘, 라임 주스와 비터를 콜린스 글라스에 넣는다. 곱게 갈린 얼음을 넣고 스위즐링한다. 얼음을 다시 채우고 원한다면 탄산수를 넣는다. 가니시로 민트를 올리고 빨대를 꼽고 마무리한다.

바텐더의 조언 웜우드 비터를 만들려면 10g의 웜우드와 잘게 자른 귤 껍질을 250*ml*의 고도수 화이트 럼에 넣고 3일간 숙성시킨다. 잘 걸러서 보관하며 사용한다.

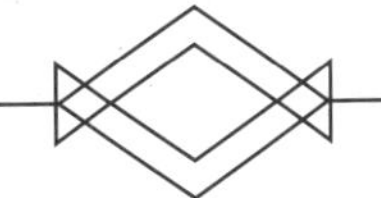

HANKY PANKY

행키 팽키, 영국 런던

미국의 금주법 시대 동안 세계 칵테일의 중심은 미국에서 다른 곳들로 옮겨가게 되었다. 부유한 미국인들은 쿠바로 여행을 가서 다이키리(46p 참조)와 모히또(108p 참조) 칵테일을 즐겼다. 다른 사람들은 프랑스의 국제적인 도시인 파리나 여유로운 삶을 찾아 스페인으로 가기도 하였다. 그러나 가장 재능 있는 바텐더들과 많은 애호가들은 런던으로 몰려갔다. 그들이 런던에 도착하였을 때 마주한 것은 사보이 호텔의 유명한 아메리칸 바의 헤드 바텐더이자 최초 여성 스타 바텐더인 에이다 '콜리' 콜먼Ada 'Coley' Coleman이었다.

런던의 클라리지 호텔에서 와인 상인의 감독하에, 콜먼은 1899년경 맨해튼(97p 참조)을 시작으로 어떻게 칵테일을 만드는지 배우기 시작하였다. 그녀는 새로 단장한 사보이 호텔의 아메리칸 바로 옮기게 되는데, 얼마 후 그곳의 헤드 바텐더가 된다. 그녀는 사보이 호텔에서 25년 이상 근무하며 영국 황태자뿐만 아니라 찰리 채플린, 마크 트웨인, 찰스 호트레이 등 당시 에드워드 시대의 상류층을 위해서 칵테일을 만들었다.

콜먼에 의하면, 영화배우 찰스 호트레이는 퇴근 후 아메리칸 바에 와서 아주 강한 맛을 가진 칵테일을 주문하는 일이 많았다고 한다. 한 번은 그녀가 진과 스위트 버무스 그리고 조금의 퍼넷 블랑카 비터(45p 참조)가 들어간 칵테일을 만들어 주었다. 찰스 호트레이는 그것을 맛보더니 단번에 비워 내면서, '세상에! 이거 진짜 행키 팽키Hanky Panky하구만!'이라고 하였다고 한다.

금주법을 피해 도망갔던 바텐더 가운데 한 명인 해리 크래독은 1921년 사보이 호텔에 자리를 잡았다. 1925년 호텔은 개보수를 위해서 아메리칸 바를 잠시 닫았고 콜먼은 은퇴하였다. 크래독은 유명한 *Savoy Cocktail Book*을 썼고, 단 한 가지 레시피에만 콜먼의 이름을 명시하였는데 그것이 바로 '행키 팽키Hanky Panky'이다.

재료
진 45*ml*
스위트 버무스 45*ml*
퍼넷 블랑카 5*ml*
가니시 : 오렌지 껍질

만드는 법
모든 재료를 믹싱 글라스에 넣는다. 얼음을 넣고 잘 젓는다. 차가운 쿠페 글라스에 따르고 오렌지 껍질로 마무리한다.

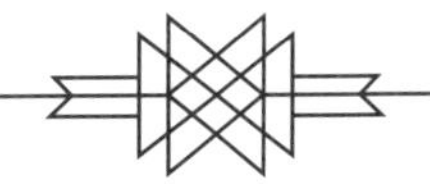

HOLLAND FIZZ

홀랜드 피즈, 네덜란드 스키담

향과 맛이 매우 풍부하면서도 다른 재료와 잘 어울리는 진이 칵테일의 여왕이라면, 쥬네버는 좀 더 까칠하고 개성이 강한 황태후에 가까울 것이다. 비록 진에 영감을 주었고 가벼운 풍미를 가진 '뉴 웨스턴' 스타일의 진과는 달리 맥아의 맛과 향, 독특한 빵의 풍미를 가진 쥬네버는 현대의 런던 드라이 진과 매우 다른 풍미를 가지고 있다. 영국 군인들은 네덜란드 독립전쟁(1568~1648) 당시 네덜란드 군인들과 함께 싸우다가 쥬니퍼 풍미의 몰트 스피릿을 처음 접하였고 전쟁 전 한두 모금의 쥬네버가 네덜란드인들을 더욱 용맹하게 싸울 수 있게 한다고 하여 '더치 커리지Dutch Courage'라고 불렀다. 이후 네덜란드 윌리엄 공이 영국의 제임스 2세로부터 왕위를 이양 받은 1689년 이후로 쥬네버는 영국에서 인기를 끌기 시작하였고, 런던에서는 쥬네버를 본뜬 자신들만의 진을 생산하기 시작하였다.

영국에서는 자신들이 만든 새로운 진을 더욱 선호하였지만, 그들의 식민지 미국에서는 오리지널 쥬네버가 더욱 인기를 끌었다. 쥬네버는 주로 네덜란드의 항구 도시인 스키담에서 생산되었고 지금까지도 이곳은 쥬네버 제조 산업의 중심으로 남아 있다.

18세기에 나온 초기의 진 칵테일은 우리가 알고 있는 런던 드라이 진이 아닌 쥬네버로 만들어졌다. 하지만 19세기말에는 올드 톰 진이나 런던 드라이 진을 사용하고 버무스를 넣어 만든 가벼운 칵테일을 찾는 풍조 때문에 칵테일 세계에서 쥬네버의 인기는 점점 식어 갔고 여기에 용에Jonge 쥬네버를 사용하기 시작하였다. 1차 세계대전으로 인해 어쩔 수 없이 곡물로 만든 중성 스피릿을 혼합하여 만든 용에 쥬네버가 네덜란드의 표준으로 되었다. 하지만 지금도 여전히 고전 스타일인 아우더와 코런바인 쥬네버가 세계 곳곳에서 사용되고 있다.

제리 토마스의 1873년 작 *Bar-tender's Guide*에서 계란 흰자를 넣어 만든 '실버 피즈'를 변경하여 만든 이 레시피는 역사적인 쥬니퍼 스피릿을 훌륭하게 소개하고 있다.

재료

아우더 또는 코런바인 쥬네버 60*ml*
레몬 주스 15*ml*
시럽 15*ml*
탄산수 60*ml*
계란 1개 분량의 흰자
가니시 : 레몬 껍질과 민트 줄기는 선택 사항

만드는 법

탄산수를 제외한 모든 재료를 칵테일 셰이커에 넣는다. 얼음을 넣지 않고 드라이 셰이킹하여 계란 거품을 만든다. 다시 얼음을 넣고 충분히 흔들어 준다. 콜린스 글라스에 탄산수를 붓고 그 위로 칵테일을 더블 스트레이닝한다. 얼음이 더 필요하다면 채우고 가니시로 레몬 껍질이나 민트를 올려 준다.

IRISH COFFEE

아이리시 커피, 아일랜드 포이니스

공항의 레스토랑과 바는 예외 없이 항상 서비스나 품질이 형편없는 장소이다. 하지만 1943년 당시에는 지금과는 아주 다른 세계의 공항이었다. 그 당시에 공항과 항공편을 사용하는 사람들은 일반인의 범주에는 들지 않는 부유층이었다. 또한 당시에는 충분한 육상 활주로가 없어서 비행기가 아니라 비행정을 이용하였다. 아일랜드 서쪽의 포이니스는 아일랜드 서쪽의 교통의 요지인 리머릭뿐만 아니라 다른 곳을 철도와 항구로 연결하였고, 자연스럽게 대서양을 횡단하는 수상 비행기를 위한 유럽의 공항이 되었다.

그 당시 부유층은 공항에서도 호화로운 서비스를 원하였기에, 아일랜드 정부는 당시 이름을 날리던 호텔리어 브렌든 오리건Brendan O'Regan을 공항의 음식 서비스 담당관으로 임명했다. 그의 요리사인 조 쉐리단Joe Sheridan은 겨울에 뉴펀들랜드로 가는 비행기가 자주 결항되자, 공항에서 비행기를 기다리던 탑승객들에게 추위로부터 몸을 데우라고 '아이리시 커피Irish Coffee'를 제공하였다. 뜨거운 커피에 약간의 아이리시 위스키를 넣고 부드러움을 주기 위해 설탕과 진한 크림을 올린 이 음료는 이후 조금 더 예쁜 손잡이를 가진 글라스에 담기 시작하면서 곧 이곳의 명물이 되었다. 포이니스에는 안타깝지만 근처의 섀넌으로 공항의 허브가 옮겨졌고, 쉐리단과 아이리시 커피도 곧 그곳으로 옮겨갔다.

원래 이 칵테일은 아일랜드 포이니스에서 만들어졌지만, 세계적인 명성을 얻게 된 것은 샌프란시스코의 부에나 비스타 카페 덕분이었다. 미국의 일간지인 『샌프란시스코 크로니클*San Francisco Chronicle*』의 여행 기자였던 스탠튼 델라플레인Stanton Delaplane은 1952년 섀넌 공항에서 아이리시 커피를 처음 맛보았다. 이후 샌프란시스코로 돌아와 부에나 비스타 카페 사장을 설득하여 아이리시 커피를 판매하도록 하였고, 여러 번의 실험을 거쳐 오히려 더 좋은 아이리시 커피를 만들었다. 이제 이곳은 아이리시 커피의 명소가 되었고, 여전히 하루에 1천 잔씩 만들고 있다고 한다.

재료

아이리시 위스키 45*ml*
시럽 22*ml*
뜨거운 커피 120*ml*
휘핑 크림

만드는 법

아이리시 커피 글라스를 따뜻한 물로 데운다. 글라스의 물을 비우고 크림을 제외한 재료를 글라스에 붓고 저어서 혼합한다. 그 위에 휘핑 크림을 조심스럽게 올린다.

바텐더의 조언 커피는 매우 뜨거워야 하며 바로 만들어 신선해야 한다. 휘핑 크림은 손으로 단단해지기 전까지 휘핑해야 한다. 완성된 칵테일의 외형은 거의 기네스 파인트처럼 보여야 한다.

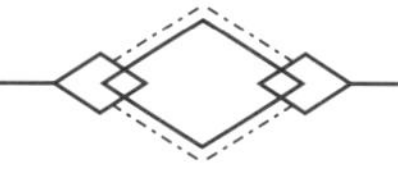

JÄGERITA

예거리타, 독일 볼펜뷔텔

1984년경, 예거마이스터Jägermeister가 다음 세대의 유명 브랜드가 될 것이라고 예측한 주류 전문가는 거의 없었다. 예거마이스터는 1934년 독일 볼펜뷔텔에서 만들어진 허브 리큐어로, 그 당시 이것을 알고 있다 하더라도 성공 스토리는 먼 나라 이야기처럼 들렸다. 진한 밤색에 달고 쓴 허브 맛의 술은 나치와의 연관성(헤르만 괴링의 기호품)도 제기되어 이 술이 인기를 끌 것이라고는 아무도 생각하지 못하였다. 하지만 마케팅의 귀재 시드니 프랭크Sidney Frank는 예거마이스터를 지금의 전세계 파티에서 가장 인기 있는 술로 만들었다.

프랭크는 1973년에 미국 예거마이스터 수입 라이선스를 취득하였고, 루이지애나 주립 대학의 바통 루즈Baton Rouge와 뉴올리언스 캠퍼스의 학생들이 프랭크에게 이 술의 가능성을 알려 주었다. 1985년, 그 이유는 전혀 알려져 있지 않지만 학생들은 예거마이스터를 '액체 바륨'이라 부르며, 최음 성분이 있다고 믿으며 이 술을 마시기 시작했다고 한다. 프랭크는 기회를 감지하고, 예거마이스터 홍보팀을 구성하여 윙크하고 있는 남자와 '부드러워요'라는 반어적인 홍보 문구와 함께 파티에 빠질 수 없는 술로 만들기 시작하였다. 루이지애나의 인기는 곧 전국적인 파티로 퍼져 나가기 시작하였다.

파티 피플들에게 알려진 예거의 명성은 회사 입장에서 양날의 검이었다. 매출에 지대한 공헌을 하였지만 동시에 술에 대한 매우 부정적인 인상을 주었기 때문이다. 식후주로서의 복합적인 풍미는 전혀 알려지지 않았고, 레드불과 함께 폭탄주로 마시는 예거마이스터는 크래프트 칵테일 애호가들에게는 기피 대상이 되었다. 이런 상황에서 예거마이스터의 명성을 회복시키는 데 도움을 준 음료가 바로 '예거리타Jägerita'인데, 이것은 매우 간단하면서도 효과적인 마가리타의 변형 칵테일이다. 2008년 아르헨티나 바텐더 데이비드 코르도바David Cordova에 의해서 만들어진 이 칵테일은 바텐더의 비밀 병기로 세계로 퍼져 나갔다. 이 칵테일은 특히나 미국 오리건 주 포틀랜드의 바텐더 챔피언인 제프리 모건테일러에 의하여 더욱 그 유명세를 떨쳤다.

재료

예거마이스터 45*ml*
오렌지 큐라소 또는 트리플 섹 22*ml*
라임 주스 22*ml*
시럽 15*ml*
가니시 : 라임 휠

만드는 법

모든 재료를 칵테일 셰이커에 넣는다. 얼음을 넣고 잘 흔들어 준 후 차가운 쿠페 글라스에 따른다. 라임 휠을 올리고 마무리한다.

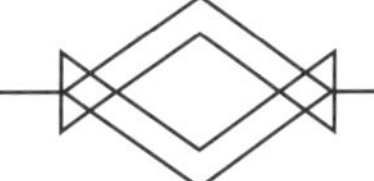

JAPANESE SLIPPER

재패니즈 슬리퍼, 호주 멜버른

호주 이외의 나라에서는 이 칵테일이 잘 알려져 있지 않으며, 알려져 있다 해도 여전히 호기심에 싸여 있다. 처음 만들어진 나라에서 인기가 사라진 지 오래되었지만, 이 칵테일은 호주에서 여전히 널리 퍼져 있다. 이 칵테일은 1980년대와 1990년대 지나친 비난의 상징으로, 호주의 믹솔로지 문화가 그리 심각하지 않았던 인터넷 이전의 더 순수한 향수와 같은 추억을 가지고 있다.

1984년, 멜버른 교외 미에타 레스토랑의 장-폴 부르기뇽Jean-Paul Bourguignon에 의해서 처음 만들어진 이 칵테일은 곧 세계의 주목을 받았다. 그 가장 큰 이유는 동량의 3가지 재료로 구성되어 쉽게 기억할 수 있기 때문이다. 80년대초 유행한 재료 가운데 하나인 미도리는 일본 산토리 사에서 만든 초록색의 멜론 맛 리큐어로, 1978년 뉴욕의 스튜디오 54에서 시작한 이래, 토요일 밤의 열기가 미국의 팝 문화에 디스코로 지배한 이후에도 이어진 칵테일 암흑기에서도 살아남아 항상 바에서 한 자리를 차지하며 그 인기를 유지해 왔다. 1984년 멜버른 파인 다이닝의 별인 미에타에서 일하는 부르기뇽의 칵테일은 그의 동료들의 관심을 받으며 모방되기 시작하였다.

자극적인 달콤함과 화려한 색상을 가진 칵테일은 곧 호주의 애주가들 사이에서 인기를 끌었다. 이러한 인기는 2000년대 중반까지 이어졌지만, 딕 브래드셀Dick Bradesell에 의해 런던에서 만들어진 '위대한' 에스프레소 마티니가 커피 애호가들이 많은 멜버른에 알려진 이후에는 점점 기억에서 사라지기 시작하였다. '재패니즈 슬리퍼Japanese Slipper'는 국제 바텐더 협회(IBA)의 공식 칵테일로서 한자리를 차지하며 여전히 호주의 교외 캐주얼 바와 클럽에서 그 명맥을 이어가고 있다.

재료
미도리 30*ml*
쿠앵트로 30*ml*
레몬 주스 30*ml*
가니시 : 마라스키노 체리

만드는 법
모든 재료를 칵테일 셰이커에 넣는다. 얼음을 넣고 충분히 셰이킹한다. 차가운 쿠페 글라스에 더블 스트레이닝한다. 마라스키노 체리로 장식한다.

바텐더의 조언 이 칵테일의 밸런스는 쿠앵트로에 달려 있기 때문에 트리플 섹과 같은 다른 오렌지 리큐어보다는 쿠앵트로를 사용하여야 한다. 쿠앵트로는 40도 알코올의 다른 리큐어보다 더 드라이하며 다른 비슷한 리큐어보다 알코올 도수가 더 높다.

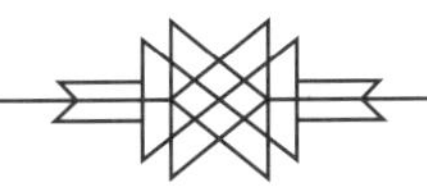

JUNGLE BIRD

정글 버드, 말레이시아 쿠알라룸푸르

대부분의 칵테일은 일반적으로 쉽게 알고 있는 칵테일에서 나오거나, 또는 칵테일의 가계도를 어느 정도 추측할 수 있다. 하지만 늘 그렇듯 상상조차 하지 못할 만큼 특이하거나 새로운 분류를 만드는 경우가 꼭 있다. 특이한 리큐어와 이상한 비율로 조합했어도 괜찮은 칵테일이 만들어지는 신기한 경우가 있는데 '정글 버드Jungle Bird'는 그런 칵테일 가운데 하나이다.

오리지널 정글 버드의 유래는 미궁에 갇혀 있다가, 최근에 이 칵테일이 지금은 사라진 쿠알라룸푸르 힐튼 호텔의 에이비어리Aviary 바에서 1978년에 만들어졌다는 것이 밝혀졌다. 그리고 이 칵테일은 저술가이자 티키 칵테일 애호가인 제프리 '비치범' 베리가 아니었다면 역사에서 완전히 잊혀졌을 수도 있다. 그는 1989년에 발간된 존 J. 포이스터John J. Poister의 *The New American Bartender's Guide*에서 이 레시피를 찾았고, 이를 2002년 *Beachbum Berry's Intoxica!*에 실었다. 정글 버드는 그것을 시작으로 다시 전세계 칵테일 리스트에 자신의 자리를 잡았다.

첫눈에도 이 칵테일은 다크 럼과 파인애플 주스, 라임과 시럽 그리고 캄파리라는 매우 특이한 조합을 가지고 있다는 것을 알 수 있다. 하지만 여러분이 이 칵테일을 마셔 본다면 바텐더들도 이 칵테일을 좋아한다는 사실을 쉽게 이해할 수 있다. 이 칵테일은 화려하고 쾌락적인 열대의 티키 칵테일과 아마로를 사랑하는 크래프트 칵테일의 연결고리처럼 보일 정도이다. 당밀 함유량이 큰 다크 럼을 사용하기를 권장하는데, 다크 럼은 이 칵테일에 복잡성을 더해 주고, 캄파리는 밸런스와 약간의 쓴맛을 더해 준다. 티키 칵테일의 최소 조건을 만족시키는 5가지의 아주 흔한 재료로서 세계 어느 바에서나 만들 수 있고, 집에서도 만들기 쉬운 칵테일 가운데 하나이다.

재료

다크 럼 45*ml*
파인애플 주스 45*ml*
캄파리 22*ml*
라임 주스 15*ml*
시럽 15*ml*
가니시 : 오렌지 조각, 파인애플 조각과 잎은 선택 사항

만드는 법

모든 재료를 칵테일 셰이커에 넣는다. 얼음을 넣고 잘 흔들어 준 뒤 올드 패션드 글라스에 부어 준다. 큰 얼음 조각들로 글라스를 채운다. 가니시를 올리고 마무리한다.

바텐더의 조언 이 칵테일은 티키 칵테일로서 여러분이 원하는 만큼 화려하게 가니시를 올려도 좋다. 식용 꽃이나 마라스키노 체리를 오렌지 휠과 함께 올리는 것도 매우 좋은 가니시가 된다.

KIR

키르, 프랑스 디종

여러분이 이 책을 뒤적거리며 만들기 쉬우면서도 맛있는 것을 찾는다면 여기서 멈추면 된다. 키르는 단 2가지의 재료만으로 구성되며, 제공되는 글라스에서 만들며, 추가적인 얼음이나 가니시도 필요가 없다. 하지만 이 칵테일은 매우 세련되고 프랑스 특유의 우아함을 풍기며, 여러분을 파리의 카페 테라스에 있는 듯한 느낌을 준다. 대부분의 다른 칵테일과 달리 '키르Kir'는 일상 생활과 단단히 연결되어 있다. 이 칵테일은 그만큼 화려한 이야기를 지니고 있다.

키르는 펠릭스 키르Félix Kir 신부에게 헌정된 칵테일이다. 그는 원래 사제가 되기 위해서 교육을 받고 있었으나, 2차 세계대전을 치르며 프랑스 레지스탕스의 영웅이 되었고 이후 정치인의 길을 걷는다. 나치가 프랑스를 침공했을 당시 60대의 키르는 프랑스 비시 정권에 대항하며 레지스탕스로서 활약하였다. 그는 5천여 명의 전쟁 포로를 롱빅 수용소로부터 탈출시켰고, 두 번이나 총살형을 선고 받았지만, 다행히 성직자의 신분을 이용하여 사형 집행을 면하여 구사일생할 수 있었다. 1944년 종전 이후 그는 전쟁 영웅이 되어 디종으로 돌아왔고, 1946년 레지옹 도뇌르 훈장을 받기도 하였다. 그는 남은 여생을 디종의 시장으로 봉사하며 지냈다.

전쟁 영웅이자 도시의 시장으로서 키르는 전쟁 이후 다른 도시들과 교류하며, 미래의 전쟁을 예방하고자 하는 희망을 품고 평화와 우정을 다지는 '주믈라쥬Jumelage ; 자매결연'라는 프로그램에 관심을 많이 가졌다. 키르가 시장으로 재직하고 있던 1958년, 디종은 적국이었던 독일의 마인츠와 교류를 시작으로 세계의 마을과 도시를 아우르기 시작했다. 그는 외교적 행사에서 손님들을 접대할 때 지방의 전통적인 술이었던 블랑 카시스Blanc-Cassis ; 알리고떼 포도로 만든 강렬하고 거친 로컬 화이트 와인과 다른 지역 특산물인 크림 드 카시스 블랙커런트 리큐어를 혼합한 음료를 선보였다. 두 번의 세계대전 이전까지 알리고떼는 버건디 지방의 자랑거리였고, 이 지방의 피노 누아와 샤르도네로 만든 그랑 크뤼는 세계적으로 명성이 높았다. 전쟁으로 인해 버건디의 와인 셀러는 약탈을 당했지만 키르의 블랑 카시스는 1950~60년대 부르고뉴 와인 산업의 명성을 되찾는 데 큰 도움을 주었으며 이후 이 음료에 그의 이름을 명명하였다.

재료
화이트 와인 150*ml*
크림 드 카시스 30*ml*

만드는 법
모든 재료를 와인 글라스에 넣는다. 재료가 혼합되도록 조금 젓는다. 가니시 없이 제공한다.

LAST WORD

라스트 워드, 미국 디트로이트

원스턴 처칠의 유명한 말을 빌리자면, '라스트 워드Last Word'는 '암호 속에 있는, 비밀이 감추어진 수수께끼'이다. 먼저 레시피를 보면, 이 칵테일은 동일량의 진과 라임, 짜릿하게 쏘는 리큐어인 그린 샤르트뢰즈와 마라스키노를 사용한다. 데이비드 원드리치는 자신의 책 *Imbibe!*에서 '클래식 바텐딩 연대기에서 야성미 넘치는 음료는 많지 않지만 어딘가에는 여전히 존재한다'라고 한다. 알코올 도수 55도와 38도의 리큐어가 가진 매운맛과 강한 풍미는 상대적으로 진이 적게 들어가는 칵테일의 맛을 보충해 준다. 이 칵테일에서 진과 라임은 대담하고 독창적인 맛과 개성이 매우 확실한 2가지 리큐어 사이의 연결고리로 작동한다.

비밀을 파헤쳐 보자. 왜 이렇게 세련되고 맛있는 칵테일이 오랫동안 베일에 가려져 있던 것일까? 우선 그 역사가 좀 복잡하다. 우선 이 칵테일은 테드 소시에Ted Saucier가 1951년 쓴 책 *Bottoms Up*에 '이 칵테일은 30여 년 전 여기에서 보더빌 공연으로 유명한 프랭크 포가티Frank Fogarty에 의해 소개되었다'고 처음 기록되었다. 이 기록으로 인해 이 칵테일은 강력한 금주법 시대였던 1921년경에 프랭크 포가티에 의해서 디트로이트 애슬레틱 클럽에서 처음 만들어졌다고 볼 수 있다. 하지만 최근에 이 클럽의 1916년 7월 메뉴에 이미 라스트 워드가 존재한다는 것이 밝혀지면서, 그 이후인 1916년 12월 클럽을 방문한 포가티가 이 칵테일을 알게 되었다고 추측하고 있다. 여기서, 소시에는 뉴요커였으며 *Bottoms Up*은 아주 오랜 기간에 걸쳐 집필되었다는 것을 명심하자. 명백한 것은 '여기'는 뉴욕이고 '30년 전'이라는 것으로 1948년 이전에 쓰여졌을 수 있다. 포가티가 소개했다는 것은 그가 칵테일을 발명한 것이 아니라 뉴욕의 월도프-애스토리아 바 팀에게 칵테일을 전달했다는 것이다.

우리가 주목해야 할 것은, 기원은 분명치 않지만 이 칵테일은 확실히 2000년대 초반 시애틀의 전설적인 바텐더 머레이 스텐슨Murray Stenson이 지그재그 카페에서 이 칵테일을 판매하기 시작하였고, 대중화에 성공하여 인기를 얻게 되었다. 이 칵테일은 알코올 도수가 매우 높으면서도 역사적 의미를 가지며, 무엇보다도 맛있는 칵테일로서 곧 크래프트 칵테일의 기준 가운데 하나가 되었다.

재료

진 *22ml*
그린 샤르트뢰즈 *22ml*
마라스키노 리큐어(가능하다면 럭사르도 제품) *22ml*
라임 주스 *22ml*
가니시 : 라임 껍질

만드는 법

모든 재료를 칵테일 셰이커에 넣는다. 얼음을 넣고 충분히 흔들어 준다. 차가운 쿠페 글라스에 따른다. 라임 껍질로 가니시한다.

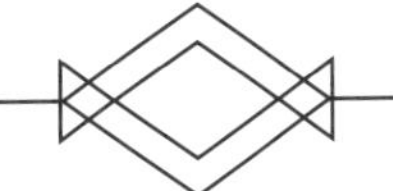

LLAJUA

야화, 볼리비아 라파즈

볼리비아는 고지대로 유명하다. 엘 알토El Alto 공항은 세계에서 가장 높은 지대에 있는 국제공항이며, 티티카카 호수는 세계에서 가장 높고 항해가 가능한 호수이고, 라파스는 세계에서 가장 높은 수도이다. 볼리비아는 두 곳의 수도를 가지고 있어 수도를 어떻게 정의하느냐에 따라 다를 수 있다. 부유층이 많이 사는 라파스는 주변에서 산소가 많은 저지대에 있기 때문에 사실 풍경이 좋지는 않다. 해발이 높은 기후로 인해 볼리비아의 특산주인 싱가니는 매우 독특한 풍미를 가지고 있다.

싱가니는 피스코와 비슷하지만, 숙성하지 않은 투명한 포도 증류주이다. 볼리비아의 높은 고도 덕분에 이 싱가니는 다른 술과는 조금 다르다. 고도가 높을수록 에탄올의 끓는 점이 낮아지기에 그만큼 싱가니를 증류하는 데 에너지 소비가 적고, 그렇기 때문에 포도의 맛과 향이 덜 손상된다. 특히 싱가니는 맛과 향이 풍부하기로 유명한 머스캣 오브 알렉산드리아 포도 품종으로 만들기 때문에 스피릿에서는 포도꽃 향기가 난다.

가볍고 꽃 향기가 복잡하게 나는 싱가니의 독특한 맛 덕분에 칵테일 재료로 매우 훌륭한 스피릿이다. 진이나 피스코, 테킬라와 라이트 럼 대신에 사용해도 매우 훌륭하다. 라파스에 있는 덴마크 출신 셰프 클로스 메이어Claus Meyer의 식당 가스뚜에서는 볼리비안 재료만을 사용하여 음식과 음료를 제공하기 위해서 노력하는데 싱가니는 그들이 가장 애용하는 칵테일 재료 중 하나이다. '야화Llajua'는 짜릿하고 짭짤한 칵테일로, 레스토랑에서 제공하는 강렬한 볼리비안 살사인 야화llajua : 매운 볼리비아식 살사 소스를 사용한다. 여기에서는 스파이시 토마토와 로꼬떼 칠리 슈럽을 사용한다.

재료

싱가니 60*ml*
토마토와 로꼬데 칠리 슈럽 30*ml*
라임 주스 15*ml*
가니시 : 방울토마토

만드는 법

모든 재료를 칵테일 셰이커에 넣는다. 얼음을 넣고 충분히 흔들어 준다. 올드 패션드 글라스에 붓고 얼음을 채워 준다. 방울토마토를 올려서 마무리한다.

바텐더의 조언 슈럽을 만들기 위해서는 먼저 식초 1컵 분량과 슬라이스로 자른 바나나 반 개를 용기에 넣는다. 다진 토마토 2컵 분량과 자른 볼리비안 로꼬떼 칠리, 고수, 아루굴라, 민트와 함께 설탕 1컵 분량을 다른 용기에 넣는다. 잘 섞고 뚜껑을 덮어 준다. 각각의 용기를 냉장고에 넣고 하루를 우려낸다. 두 용기의 액체를 짜듯이 걸러서 잘 섞은 뒤 살균한 유리병에 담아 보관한다.

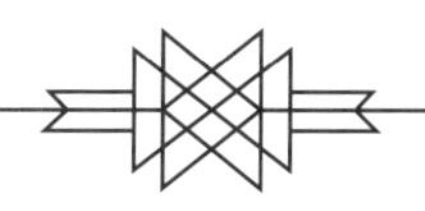

MAI TAI

마이 타이, 프랑스령 폴리네시아 타히티

융통성이 없는 독자들은 이 페이지를 펼치자마자 항의 편지를 쓰고 있을 수 있다. '마이 타이Mai tai는 캘리포니아 오클랜드의 트레이더 빅에서 만든 것으로 알려져 있지 않나요?'라고 말이다. 물론 맞는 말이다. 하지만 어떤 의미 있는 느낌을 가진 오클랜드의 마이 타이라고 할 수 있을까? 절대 아니라고 본다. 오히려 마이 타이는 오클랜드처럼 일상적인 일로 가득 찬 장소에서 벗어나기 위한 느낌을 가지고 탄생한 술이다. 2차 세계대전의 태평양 전장을 경험한 이후, 백인 중산층 미국인들은 이국적인 태평양 문화의 맛에 대한 향수를 가지기 시작하였다. 사실임에도 불구하고, 많은 부분을 제대로 받아들이지는 못했다. 그들은 맛에 대한 목마른 욕구를 곧 시대의 상징이 되는 티키 바인 돈스 비치코머와 트레이더 빅에서 채우곤 하였다.

티키계의 두 거장, 돈스 비치코머로 알려진 어네스트 레이몬드 보몬트 간트Ernest Raymond Beaumont Gannt와 트레이더 빅으로 알려진 줄스 버게론 주니어Jules Bergeron Jr는 역사적으로 선의의 경쟁을 펼친 것으로 유명하다. 1933년 칸트가 먼저 캘리포니아 할리우드에 돈스 비치코머 카페를 열었다. 대공황에도 불구하고, 이곳은 유명 인사들이 몰리며 선풍적인 인기를 끌었다. 그리고 얼마 지나지 않아 버게론은 에스키모 테마의 바 힝키 딩크스를 캘리포니아 오클랜드에 열었다. 그는 자신의 바에 특별함을 더해 줄 것을 찾다가, 칸트의 바를 알게 되었고, 그들을 따라 하기 시작하였다. 트레이더 빅은 2차 세계대전 이후 가장 성공적인 티키 바 프랜차이즈가 되었다.

간트는 자신이 1933년 마이 타이를 처음 만들었다고 주장한다. 실제로 그의 Q.B. Cooler는 마이 타이와 매우 비슷한 점이 많다. 하지만 세계적으로 널리 알려진 마이 타이는 1944년 버게론이 만들었다고 하는, 럼과 라임, 큐라소와 아몬드 시럽이 들어간 버전이다.

버게론의 레시피대로 만들었을 때 이 칵테일의 첫번째 고객이었던 캐리 길드가 한 모금을 마시자마자 왜 "Maita'i roa ae!훌륭해, 최고야!"라는 타히티어라고 했는지 알 수 있을 것이다. 제프 '비치범' 베리는 예의를 갖춰 레시피를 변경했는데, 원재료인 레이앤네퓨 17년 숙성 럼 대신 2개의 다른 럼주를 블렌딩했다.

재료
자메이칸 다크 럼 30*ml*
마르티니크 럼 아그리콜 30*ml*
라임 주스 30*ml*
오렌지 리큐어 15*ml*
아몬드 시럽(orgeat) 15*ml*
시럽 7*ml*
가니시 : 민트 줄기와 식용 꽃

만드는 법
모든 재료를 칵테일 셰이커에 넣는다. 얼음을 넣고 잘 흔들어 준다. 올드 패션드 글라스에 붓고 크러시드 아이스를 채운다. 가니시는 민트 줄기와 식용 꽃으로 마무리한다.

MANHATTAN

맨해튼, 미국 뉴욕시티

윈스턴 처칠의 어머니 제니 제롬Jennie Jerome이 뉴욕 주지사로 당선된 사무엘 틸든Samuel Tilden을 축하하기 위해 '맨해튼Manhattan'을 만들었다는 이야기는 잊기 바란다. 당시 그녀는 뉴욕에서 라이 위스키와 버무스로 칵테일을 만들고 있던 것이 아니라, 옥스포드셔의 집으로 돌아와 미래의 총리이자 영국의 전쟁 영웅인 처칠을 낳고 있었다고 한다. 안타깝게도 진실은 다소 무미건조하다. 사실 맨해튼은 언제 누가 만들었는지 모른다. 데이비드 원드리치의 *Imbibe!*에서는 2가지 가능성을 소개하고 있다. 맨해튼 인이라는 살롱을 운영한 조지 블랙George Black이 만들었거나, 맨해튼 클럽에서 일한 어떤 천재가 만들었을 것이라고 말이다. 여하간 이 음료의 시작은 시기적으로는 1860년대 말이나 70년대 초로 추측된다. 1880년대에 맨해튼은 이미 이곳에서 가장 인기 있는 칵테일이었다.

이 칵테일이 왜 그렇게 유명해졌는지 이유를 알기는 매우 쉽다. 이제는 우리가 '올드 패션드'라고 알고 있는 위스키 칵테일에 스위트 버무스를 넣은 이 칵테일은 창작자가 만들려고 했던 그 무언가 이상의 더 세련되고 정교한 칵테일이 되었다. 이 칵테일은 펀치 칵테일이 아닌 버무스에 비터를 조금 넣은 버무스 칵테일 같은 가벼운 칵테일로, 세계적인 강한 알코올 칵테일 사이에서 한 축을 담당, 칵테일 개념에 관해 새로운 지평을 열었다. 더 이상 아주 많은 양의 스피릿에 비터나 설탕 또는 약간의 리큐어로 가볍게 만든 칵테일이 아닌, 좀 더 산뜻하고 세련된 칵테일들이 만들어지는 계기가 되었다. 또한 버무스는 곧 '바텐더들의 케첩'이 되어 1880년대의 많은 레시피들에서 찾아볼 수 있게 되었다.

현대적인 맨해튼 표준 레시피는 외우기가 매우 쉬운 212로 맨해튼의 지역 번호이다. 60*ml*(2온즈)의 위스키와 30*ml*(1온즈)의 스위트 버무스 그리고 2대시의 앙고스투라 비터가 들어간다. 초기의 레시피는 당시 버무스에 대한 일반적인 트렌드에 따라 버무스와 위스키의 비율을 반대로 하기도 하였다. 이 칵테일은 어떤 비터를 사용하는지, 라이 위스키 대신에 어떤 위스키를 사용하는지에 따라 매우 다른 매력을 가지기도 한다. 여기서 소개하는 레시피는 라이를 사용하는 전통적인 레시피지만, 위스키와 버무스를 동일량으로 사용하여 역사와 현대를 아우르는 버전이다.

재료

라이 위스키 45*ml*
스위트 버무스 45*ml*
오렌지 비터 1dash
아로마틱 비터 1dash
가니시 : 마라스키노 체리 또는 오렌지 껍질은 선택 사항

만드는 법

모든 재료를 믹싱 글라스에 넣는다. 얼음을 넣고 잘 젓는다. 차가운 쿠페 글라스에 음료를 부어 준다. 가니시는 칵테일 픽에 끼운 마라스키노 체리나 오렌지 껍질로 장식한다.

MARGARITA

마가리타, 멕시코 산티아고 드 테킬라

여러분이 누구에게 질문하느냐에 따라 '마가리타Margarita'는 1938년 란초 라 글로리에서 카를로스 '대니' 에레라Carlos 'Danny' Herrera에 의해, 1941년 후송스 칸티나에서 돈 카를로스Don Carlos에 의해, 또는 1942년 타미스 플레이스에서 프란시스코 '판초' 모랄레스Francisco 'Pancho' Morales에 의해서 만들어졌다고 알려져 있다. 우리가 확실히 고려하지 않아도 될 것은 1948년 아카풀코의 디너 파티를 위해 마가렛 '마가리타' 사메스Margaret 'Magarita' Sames가 만들었다는 이야기다. 단순하게 이 이야기는 호세 쿠엘보를 수입하는 미국인이 3년 전에 이미 만들어진 마가리타를 자신들의 광고에 사용했기 때문이다.

사실 마가리타의 기원은 생각보다 더 재미가 없다. 왜냐하면 마가리타는 금주법 시대 이전부터 있던 칵테일의 한 종류인 데이지의 변형으로, 누구도 마가리타를 발명한 것이 아니기 때문이다. 데이지는 1870년대 알려진 달걀 흰자를 제외하고 약간의 탄산수가 들어간 샤워 스타일이다. 얼마 지나지 않아 당시 인기를 끌었던 오렌지 큐라소, 트리플 섹, 옐로우 샤르트뢰즈와 같은 리큐어가 들어가기 시작하였다. 가장 먼저 데이지에 오렌지 풍미의 리큐어를 사용하고, 브랜디나 위스키 대신에 테킬라로 만들면 지금 모두가 사랑하는 현대적인 마가리타가 된다. 그리고 무엇보다 결정적인 사실은 '마가리타'라는 단어는 스페인어로 '데이지'를 의미한다는 점이다.

이 테킬라로 만든 데이지는 1950년대 멕시코뿐만 아니라 곧 미국에서까지 선풍적인 인기를 끌었다. 1970년대 초, 마가리타의 열풍으로 수요를 감당하기 위해 달라스에서 프로즌 마가리타 기계가 개발되었다. 1970년대 이전까지는 좋은 품질의 테킬라를 구하기가 쉽지 않았기에, 과일을 사용한 마가리타(스트로베리 마가리타)가 만들어졌었다. 하지만 테킬라 전문가인 훌리오 베르메호Julio Bermejo의 노력 덕분에 100% 아가베를 사용한 더 좋은 품질의 테킬라가 점점 늘어났고, 지금처럼 가장 유명하고 마약 같은 마가리타가 주는 기쁨을 재발견하는, 완벽하게 즐길 수 있는 시기 또한 없을 것이다.

재료

글라스를 리밍하기 위한 라임과 천일염
테킬라 45*ml*
오렌지 리큐어 30*ml*
라임 주스 15*ml*
가니시 : 라임 조각이나 휠

만드는 법

올드 패션드 글라스나 쿠페 글라스의 테두리를 라임 조각을 문지른 뒤 소금을 묻혀 준다. 이후 냉장고나 얼음을 이용해서 글라스를 차갑게 한다. 모든 재료를 칵테일 셰이커에 넣는다. 얼음을 넣고 잘 흔들어 차갑게 하고 준비해 놓은 글라스에 더블 스트레이닝한다. 만약 올드 패션드 글라스를 사용했다면 얼음을 넣는다. 가니시로 라임 조각이나 휠을 넣은 뒤 마무리한다.

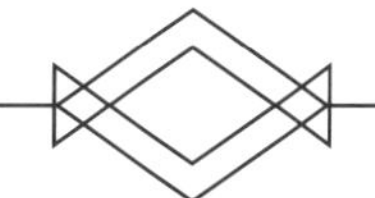

MARTINEZ

마르티네즈, 미국 샌프란시스코

마르티네즈와 관련된 가장 널리 알려진 이야기가 있다. 어느 날 샌프란시스코부터 마르티네즈라는 광산 도시까지 가던 한 광부가 잠시 쉬어 가기 위해 옥시덴탈 호텔에 들어갔다. 그는 호텔의 바를 방문했고, 그 바에는 제리 토마스가 일하고 있었다. 1862년판 *Bar-Tender's Guide*에서 토마스는 자신을 'the Jupiter Olympus of the bar'라고 불렀다. 이 광부는 제리 토마스에게 자신의 이야기를 들려주며 마음에 안식을 주는 칵테일을 주문했다. 제리 토마스는 그 자리에서 오리지널 칵테일을 만들어 광부의 행선지인 '마르티네즈Martinez'라는 이름을 붙였다. 이렇게 하여 마티니의 조상인 마르티네즈가 탄생했다는 것이다.

매우 흥미로운 이야기이긴 하지만, 이런 이야기가 늘 그렇듯이 문제가 있다. 그 누구도 이것이 사실인지 아닌지 알 수 없다는 것이다. 우리가 확실히 아는 것은 몇 가지 있다. 먼저 제리 토마스는 실제로 1960년대 옥시덴탈 호텔에서 일을 했었다. 그가 *Bar-Tender's Guide*를 펴낸 직후 이곳에서 일을 시작했으며, 마르티네즈는 *Bar-Tender's Guide* 1887년 개정판에 실리기까지 하였다. 하지만 이 책은 제리 토마스가 죽은 지 2년 뒤에 개정되었으며, 제리 토마스는 톰과 제리처럼 다른 사람의 칵테일을 자신의 것처럼 도용한 전례가 있다(톰과 제리의 경우에는 제리 토마스가 태어나기 전부터 있던 칵테일이다). 아마도 그를 위해 맞춤 제작된 순은 기물 세트를 가지고 있으며, 음료를 만들면서 자신의 어깨 위에 톰과 제리라는 쥐 2마리를 키우는 비범한 과장된 이야기를 말할 것 같은 이 역사적 인물은 누구도 놀라게 해서는 안 된다.

마르티네즈 사람들은 이 칵테일의 발생지는 샌프란시스코가 아니라 본인들의 고장이라고 강력하게 주장한다. 물론 우리는 이런 음료에 대한 소유권을 원하는 사람들을 이해할 수 있다. 이후 올드 톰 진을 드라이 진으로, 이탈리안산 스위트 버무스 대신 프랑스산 드라이 버무스로, 아로마틱 비터 대신 오렌지 비터로 그리고 마라스키노 리큐어를 제외하고 비율을 변경하면 드라이 마티니와 흡사하게 보이는 칵테일을 만들 수 있다. 다만 그 칵테일은 금주법 시대 이후 칵테일 세계에서의 상징이 되었지만, 그 사람들이 말하는 것처럼, 또 다른 이야기이다.

재료

스위트 버무스 60*ml*
올드 톰 진 30*ml*
마라스키노 리큐어 5*ml*
아로마틱 비터 1dash
가니시 : 레몬 껍질

만드는 법

모든 재료를 믹싱 글라스에 넣는다. 얼음을 넣고 잘 젓는다. 완성된 칵테일을 차가운 쿠페 글라스에 붓는다. 가니시는 레몬 껍질로 마무리한다.

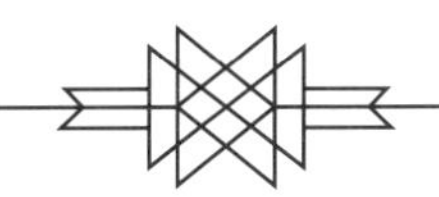

MESHA

메사, 호주 브리즈번

새천년이 도래하며 본격적인 크래프트 칵테일 운동과 더불어 새로운 스타일의 바가 생겨나기 시작하였다. 이런 바는 이제 단순히 술을 파는 곳이 아니라 잘 만들어진 음료를 마실 수 있는 곳이었다. 그들은 칵테일계의 외교관처럼 음료 제조와 고객 환대에 있어서 기존과는 다르게 접근하였고, 현지의 서비스 산업이 변모하는 데 큰 영향을 미치기 시작하였다. 호주 브리즈번의 바우어리의 성공은 그들이 만든 '메사Mesha'라는 칵테일 덕분이었다.

월도프 아스토리아와 프라자의 호텔 바, 다이브 바, 캐주얼 바 등 뉴욕의 바에서 깊은 감명을 받은 스테파니 캔펠Stephanie Canfell은 2003년 바우어리의 문을 열었다. 이곳에서는 매우 정교하게 잘 만들어진 칵테일을 만날 수 있지만, 주말에는 정말 발 디딜 틈 없이 붐비는 장소이다.

메사는 런던 출신 바텐더 배리 차머스Barry Chalmers의 작품이다. 그는 호주에서의 새로운 경험을 위해서 영국에서 브리즈번으로 이직을 결심하였고, 이직 전에 이 레시피를 바우어리에 보냈다. 그가 도착했을 때 이 칵테일은 이미 바우어리 메뉴 리스트의 가장 상단에 올라 있었다. 1990년대 보드카 열풍을 통해 칵테일을 접하기 시작한 사람들에게 즈브로카 보드카 베이스의 칵테일(176p 참조)에 매우 친밀해졌고, 파인애플 주스와 팔레르넘 시럽은 브리즈번의 아열대 기후에 완전히 어울리는 열대의 티키 느낌을 주었다. 라즈베리 퓨레 덕분에 아름다운 핑크색을 가졌고, 시나몬 설탕으로 리밍하여 더 매혹적으로 만들었다.

브리즈번의 칵테일 비즈니스는 더욱 정교해지고 나날이 발전하고 있지만, 메사야말로 칵테일을 잘 만드는 브리즈번을 대표하는 음료임에 틀림없다.

재료

글라스를 리밍하기 위한 라임 조각과 시나몬 설탕
즈브로카 보드카 40*ml*
사과 리큐어 20*ml*
파인애플 주스 20*ml*
팔레르넘 15*ml*
라임 주스 15*ml*
라즈베리 퓨레 5*ml*(혹은 생 라즈베리 3~4개)
가니시 : 사과 조각

만드는 법

먼저 쿠페 글라스의 테두리를 라임 조각으로 즙을 묻히고 시나몬 설탕으로 리밍한다. 이후 얼음이나 냉장고를 이용해서 글라스를 차갑게 보관한다. 모든 재료를 칵테일 셰이커에 넣는다. 얼음을 넣고 잘 흔들어 준다. 준비해 놓은 쿠페 글라스에 더블 스트레이닝한다. 가니시는 사과 조각으로 부채처럼 만들어서 마무리한다.

METAMORPHOSIS

메타모포시스, 체코공화국 카를로비 바리

체코 태생의 프란츠 카프카Franz Kafka의 소설 『변신The Metaphomorsis』에서 그레고르 잠자가 눈을 떴을 때, 그는 자신이 무엇으로 변했는지 몰랐다. 잠자는 엄청난 해충이 되었지만, 영어권에서는 거대한 바퀴벌레가 되었다고 생각한다. 그렇기 때문에 '변신'이라는 이름은 이 칵테일에 가장 적합한 이름이다. 카프카의 소설에서 그 이름을 가져온 이 칵테일은 체코의 비터 리큐어인 베체로브카로 만들며 그 색깔도 바퀴벌레처럼 어두운 갈색이다. 여러분이 어떤 생각을 할지 모르겠지만, 체코를 대표하는 최고의 주류를 위한 특별한 칵테일 중 하나인 것은 분명하다.

베체로브카는 예전에 체코의 온천 도시 칼스바트로 알려진 카를로비 바리에서 만들어진다. 카를로비 바리의 12개의 온천은 중부 유럽인들의 휴양지이자 요양지이다. 1805년, 독일 백작 막시밀리언 폰 플레튼버그-비템 주 미팅겐Maximilian von Plettenberg-Wittem zu Mietingen은 자신의 영국인 주치의 크리스티안 프로빅Christian Frobig와 함께 이곳을 치료차 방문하였고 그들은 현지의 약사 요셉 비투스 베허Josef Vitus Becher의 집에서 지내게 되었다. 프로빅은 베허에게 본인의 약용 비터 레시피를 주었고, 베허는 레시피에 약간의 변화를 주었다. 베체로브카 또는 당시 지칭된 대로 베허스 칼스베이더 잉글리시-비터는 1807년 상업적으로 생산되기 시작했다. 요셉의 아들 요한Johann은 이 술이 현재의 명성을 얻게 하는 데 크게 공헌하였다. 그는 체코인들 사이에서 베체로브카의 인기가 높아지는 것을 보고 대규모 생산 공장을 지었다. 체코인들이 베체로브카를 좋아하는 이유를 알기는 어렵지 않다. 시나몬과 정향 그리고 생강과 멘톨의 풍미를 가진 매우 복잡하면서도 맛있는 술이기 때문이다.

베체로브카는 칵테일 문화가 시작하던 시기부터 있었지만, 초창기에는 칵테일의 재료로 많이 사용되지는 않았다. 대부분 이 술은 그대로 마시거나, 간단하게 토닉 워터와 섞어 하이볼처럼 마셨다. 여기서 소개할 레시피는 보스턴의 이스턴 스탠다드 바의 잭슨 캐논Jackson Cannon이 금주법 시대의 칵테일인 비스 니즈Bee's Knees(베체로브카를 우아하게 소개하는)를 변형한 것이다. 나 즈드라비Na zdraví: 건배!

재료

베체로브카 45*ml*
벌꿀 시럽 22*ml*
레몬 주스 22*ml*
가니시 : 레몬 껍질

만드는 법

모든 재료를 칵테일 셰이커에 넣는다. 얼음을 넣고 잘 흔들어 준다. 차가운 쿠페 글라스에 더블 스트레이닝한다. 레몬 껍질로 마무리한다.

바텐더의 조언 꿀 시럽을 만들기 위해서는 동일량의 꿀과 끓는 물을 섞고, 꿀이 물에 다 녹을 때까지 저으면 된다. 살균된 유리병에 담은 뒤 냉장고에 보관한다.

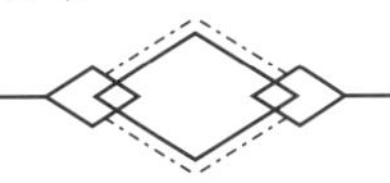

MINT JULEP

민트 줄렙, 미국 켄터키 루이스빌

켄터키 주의 작은 도시 루이스빌은 칵테일 비즈니스에 있어서 매우 중요한 도시이다. 이곳은 금주법 시대의 클래식 칵테일 가운데 하나인 펜더니스 클럽The Pendennis Club; 실제 클럽이기도 하며 그곳의 칵테일은 이제 클래식이 되었다의 고향이기도 하며, 역사적으로 모호하지만 '올드 패션드 칵테일의 고향'이라고 하기도 한다. 하지만 루이스빌과 함께 가장 많이 언급되는 칵테일은 사실 이곳에서 만들어지지는 않은 '민트 쥴렙Mint Julep'이다. 1938년 민트 쥴렙은 켄터키 더비 경마의 공식적인 칵테일이었다. 우리는 지금까지 민트 쥴렙을 지켜 준 더비 경마에게 고마워해야 할 것이다.

데이비드 원드리치는 자신의 책 *Imbibe!*에서 '쥴렙julep'이라는 단어는 사실 일종의 말장난이라고 이야기한다. 이 단어는 페르시안 단어인 '굴랍gulāb'에서 왔고, 처음 약이라는 의미로 영어에 편입되었다고 한다. 초기 미국 개척자들을 숙취를 해소해 주는 코카콜라를 마치 '검은 의사'라고 부르듯 그들의 간단한 아침 한 잔을 '쥴렙'이라고 부르기도 하였다. 하지만 1793년, 쥴렙은 스피릿과 물, 설탕에 민트로 맛을 더한 특별한 음료를 지칭하게 되었다. 1800년대 초 미국의 얼음 산업이 발전(149p 참조)하면서 민트 쥴렙은 마지막 조각인 크러시드 아이스까지 갖추게 되었다. 이 시원하고 상쾌한 음료는 켄터키의 뜨거운 날씨를 극복하는 활기를 주는 대표적인 칵테일이 되었다.

이 당시의 민트 쥴렙은 지금 우리가 켄터키 더비에서 맛볼 수 있는 것과는 매우 달랐다. 그 당시에는 버본 위스키보다 브랜디를 더 많이 사용하였고, 약간의 포트와인이나 자메이칸 럼을 넣기도 하였다. 가니시 또한 지금처럼 민트뿐만 아니라 신선한 베리와 레몬 휠을 사용하였고, 설탕 파우더를 뿌리기도 하였다. 여기서 소개하는 레시피는 19세기의 쥴렙과 지금 우리가 알고 있고 사랑을 받고 있는 레시피를 합친 것이다.

재료

민트 5~6잎
시럽 15*ml*
버본 위스키 60*ml*
도수가 높고 향이 강한 다크 럼 15 *ml*
가니시 : 민트 줄기
신선한 베리나 레몬 휠은 선택 사항

만드는 법

민트 쥴렙 글라스나 올드 패션드 글라스에 민트 잎과 설탕을 넣고 짓이긴다. 위스키를 붓고 크러시드 아이스를 채운다. 글라스 표면에 냉기가 서릴 때까지 젓는다. 얼음을 다시 채우고 바 스푼 뒷면을 이용해서 다크 럼을 천천히 띄운다. 가니시를 올려준다. 민트 줄기를 올릴 때에는 손바닥에 놓고 박수 치듯 쳐 준 뒤에 올린다.

MOJITO

모히또, 쿠바 아바나

영국의 프란시스 드레이크Francis Drake 경은 한때 바다를 제패한 무서운 해적이었다. 그에 대한 두려움이 '모히또Mojito'로 옮겨간 것도 당연하다. 모히또는 그에게 영감을 불어 넣어 준 음료로, 바텐더들에게는 선망의 대상인 동시에 기피하는 음료이다. 모히또는 앞에서 말한 캐러비안의 물약인 카샤사와 라임, 민트로 만들어 드레이크 선장의 속을 달랜 16세기 엘 드레이크(37p 참조)에서 유래하였다. 바텐더들은 1990년대 후반부터 2000년대 초반까지 이 칵테일의 열풍으로 고생한 이후 스페인을 약탈한 영국 해적보다 이 칵테일을 더 싫어하게 되었다.

이후 엘 드레이크 칵테일은 공포스럽지 않은 '엘 드라케시토El Draquecito'라는 이름으로 1838년 라몬 드 팔머Ramón De Palma의 책 *El Colera en La Havana*에 등장한다. 이 책에서는 드 팔머스 드라케시토 레시피에는 사탕수수로 만든 증류주인 아구아르디엔떼 드 까냐를 사용하라고 했는데, 얼마 지나지 않아 새롭고 가벼운 스타일의 바카디 럼으로 대체되었다. 바카디 럼은 특정한 효모를 사용하고 맑게 여과하여 맛이 깔끔하다. 바카디 럼으로 엘 드라케시토 칵테일을 만들면서 약간의 탄산수와 얼음을 넣게 되면서 새로운 이름을 가진 가치 있는 칵테일이 탄생하였다. 서아프리카에서 모조Mojo는 '마술사의 도구로 가득 찬 크로스백'이라는 뜻으로, 이 칵테일을 '모히또' 또는 '작은 주문'이라고 부르기 시작하였다.

1910년 '라 꼰차'라는 바에서 처음 만들기 시작된 이래, 모히또는 하바나에서 가장 인기 있는 칵테일의 자리를 지금까지 유지하고 있다. 음료 역사가 웨인 커티스Wayne Curtis는 '오래된 하바나의 바에 가서 그냥 손가락 두 개를 바텐더에게 내보이면 당신은 모히또 두 잔을 받게 될 것이다'라고 이야기한다.

하바나에서의 인기에도 불구하고, 모히또는 팝 애호가 모임을 위한 음료가 되고서야 미국에서 유행하였고, 20세기 말이 되어서야 세계적인 인기를 얻었다. 음료를 준비하는 시간뿐만 아니라 유감스러운 추억이 현대의 바텐더들이 가장 악몽처럼 생각하는 칵테일이 되게 했다. 여러분들은 바에서 주문하여 누군가에게 원망을 듣지 말고 집에서 천천히 만들어 보기를 권한다.

재료

민트 6~8잎
시럽 22*ml*
화이트럼 60*ml*
라임 주스 30*ml*
탄산수 60*ml*
가니시 : 민트 줄기

만드는 법

콜린스 글라스에 민트 잎과 시럽을 넣고 가볍게 짓이긴다. 럼과 라임 주스를 넣은 뒤 크러시드 아이스를 글라스에 채운다. 바 스푼으로 잘 섞이도록 젓는다. 탄산수를 붓고 필요하다면 얼음을 채워 준다. 가니시로 민트 줄기를 올리고 빨대를 꽂아 마무리한다.

NEGRONI

네그로니, 이탈리아 플로렌스

까밀로 네그로니Camillo Negroni 백작은 잘난 체하는 인물로, 유명한 도박꾼이었으며 펜싱 교사와 로데오 카우보이를 하였다. 전설에 의하면, 1919년 어느 날 그가 피렌체의 까페 까쏘니에서 아메리카노 칵테일을 시키며 바텐더 포스꼬 스까셀리Fosco Scarselli에게 소다수 대신에 진처럼 강력한 한 방을 넣어 달라고 하였다. 그렇게 하여 유명한 '네그로니Negroni'가 탄생하였다. 다른 이야기들처럼 이 이야기는 너무 완벽해 보여서, 캄파리 마케팅 팀에 의해 만들어 낸 소설처럼 많은 바텐더와 칵테일 역사가들이 더 과장되게 이야기했다.

이와 비슷한 많은 이야기들이 가정과 추측으로 진실되지 않고 조작으로 보였지만, 이번에는 그렇지 않아 보인다. 데이비드 원드리치와 게리 리건Gary Regan의 노고 끝에 우리는 피렌체에 까밀로 네그로니 백작이 실제로 존재했고, 미국에서 로데오 카우보이로 생활했으며, 포스꼬 스까셀리에게 자신의 이름을 붙이게 될 칵테일을 주문했다는 것을 알게 되었다. 물론 파스칼 올리비에 네그로니Pascal Olivier Count of Negroni 백작 장군이 원조라는 그 후손들의 주장이 있지만, 지금까지 밝혀진 것에 의하면 까밀로 네그로니 백작의 이야기야말로 대박이다.

멋진 이야기에도 불구하고, 사실 네그로니는 최근에서야 꽃을 피운 칵테일이다. 이 칵테일은 캄파리네트 칵테일이라는 이름으로 1929년에 처음 등장한다. 제임스 본드 영화에 잠깐 출연한 것 외에는 네그로니는 고향인 이탈리아 이외에 그리 인기를 끌지 못하였다. 하지만 2000년대 크래프트 칵테일 붐이 일면서 네그로니는 마티니, 맨해튼, 올드 패션드와 같은 반열에 오르며 가장 인기 있는 칵테일 중 하나가 되었다.

어떤 사람들은 네그로니를 믹싱 글라스에서 스터링으로 만들어서 차가운 쿠페 글라스에 내기도 하고 어떤 사람들은 하이볼 글라스에 소다수를 넣어서 만들기도 한다. 모든 레시피들은 그 나름대로의 매력이 있지만, 여기에서는 이탈리아 전통에 따라 얼음과 함께 모든 재료를 동일한 양으로 사용하는 레시피를 소개한다.

재료

진 30*ml*
스위트 버무스 30*ml*
캄파리 30*ml*
가니시 : 오렌지 껍질

만드는 법

모든 재료를 믹싱 글라스에 넣는다. 얼음과 함께 충분히 차가워지도록 젓는다. 올드 패션드 글라스에 부어주고 얼음을 채워 준다. 가니시는 오렌지 껍질로 마무리한다.

바텐더의 조언 이 레시피는 전통적인 런던 드라이 진과 전형적인 스위트 버무스를 사용할 때 가장 빛난다. 다른 화려하고 특이한 재료는 그에 어울리는 음료를 사용하는 것이 좋다.

NEGRONI SBAGLIATO

네그로니 스발리아토, 이탈리아 밀란

모든 훌륭한 바텐더들은 '미장 플러스Mise en Place ; 사전 준비'의 중요성을 잘 알고 있다. 모든 것이 손에 잡히는 가까운 곳에 있고, 제 위치에 있어야 한다. 바는 손님으로 가득 차고, 바쁘고 어려운 상황에 정확한 레시피 대로 칵테일을 만들어 내보내기 위해서는 생각하지 않고 몸이 알아서 반응하도록 해야 한다. 진이 있어야 할 위치에 프로세코를 놓아두어, 진 대신 프로세코를 넣어 네그로니(110p 참조)를 만드는 것처럼 다른 재료를 만든 칵테일을 손님에게 제공한다면 얼마나 큰 문제가 되겠는가?

다행스럽게도 이 실수는 칵테일 애호가들에게 뜻밖의 행운이었다. 1970년대, 밀란의 바 바쏘의 바텐더 미르코 스토케토Mirko Stochetto가 아주 바쁜 어느 날 밤에 바에서 만든 이 칵테일은 실패작이라기보다 작품에 가까운 것이 되었다. 이탈리아어로 '잘못 만들어진 네그로니라'는 의미의 '네그로니 스발리아토Negroni Sbagliato'는 이름과는 다르게 매우 완성도 높은 식전주이다. 이 칵테일은 좀 더 가볍고 탄산이 있는 네그로니라고 볼 수도 있고, 탄산수 대신 스위트 버무스를 넣은 좀 더 풍부한 캄파리 스프릿츠라고 볼 수도 있다. 이런 것들을 보면, 작은 실수가 오히려 놀랄 만한 쉽고 완벽한 칵테일을 만들었다.

우연히도 네그로니 스발리아토는 캄파리의 첫 생산 공장이 있는 밀라노에서 처음 만들어졌다. 뿐만 아니라 밀라노에서 만드는 캄파리와 토리노에서 만드는 스위트 버무스를 동일량으로 넣어 만든 밀라노-토리노 칵테일이 시작한 곳이기도 하다. 밀라노-토리노에 단지 탄산수를 넣어 아메리카노 칵테일을 탄생시켰고, 네그로니 백작이 아메리카노를 변형하여 탄산수를 진으로 대체하여 네그로니를 만들었다. 그렇기에 네그로니 스발리아토는 이탈리아 식전주로서 자신의 위치를 공고히 하였다. 이런 '실수'가 만들어지기까지 왜 이렇게 오랜 시간이 걸렸는지 궁금하다.

재료
캄파리 30*ml*
스위트 버무스 30*ml*
프로세코 90*ml*
가니시 : 오렌지 휠

만드는 법
올드 패션드 글라스에 캄파리와 스위트 버무스를 넣고 프로세코로 채운다. 프로세코의 탄산이 빠지지 않도록 얼음을 조심스럽게 넣어 준다. 가니시로 오렌지 휠을 넣고 마무리 한다.

바텐더의 조언 캄파리 특유의 쓴맛이 강한 칵테일이기 때문에 좋고 비싼 프로세코를 사용할 필요가 없다.

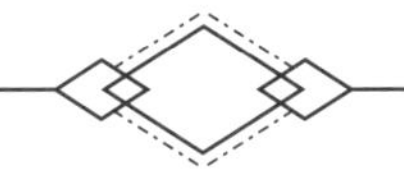

NINETEEN TWENTY-FOUR

나인틴 트웨니-포, 스리랑카 콜롬보

만약 여러분이 한때 유행하였던 바타비아 아락(145p 참조)이 잊혀지는 것이 아쉽다면, 잠시 고아 아락에 대해 생각해 보아야 한다. 영국인들에게 펀치의 맛과 향을 알게 해 준 야자나무 수액으로 만든 술인 고아 아락은 칵테일 제조에서 있어서 역사적으로 중요함에도 불구하고 이제는 세계 시장에서 찾아볼 수 없다. 다행히도 이 술은 여전히 인도의 고아 지방에서 '페니'라는 이름으로 그 명맥을 유지해 나가고 있지만, 인도 주류법 때문에 고아 지방 밖에서는 판매되지 않는다. 인도 내부에서의 인기와 명성도 페니라는 동명의 캐슈 나무의 과일로 만든 스피릿에 빼앗기고 있다. 불행 중 다행으로, 예전 아락과 비슷한 제품이 인도에서 멀지 않은 남쪽인 스리랑카에 남아 있다.

스리랑카 야자 아락은 코코넛 야자의 수액으로 만들어진다. 이 수액은 '토디 태퍼Toddy Tapper'라고 불리는 야자 수액 채집꾼에 의해 수집되는데, 이들은 꽃봉오리 밑의 껍질을 벗기고 통을 받쳐 놓아 흘러나오는 수액을 받아 둔다. 스리랑카의 더운 날씨와 공중에 떠다니는 효모로 인해 발효가 빨리 일어나므로 수액 채취는 시원한 새벽에 한다. 이렇게 모은 수액은 야자나무 와인으로 만들어지고, 이것들을 증류하여 할밀라 나무로 만든 캐스크에서 숙성한다. 이렇게 만든 스피릿은 가벼우면서도 바타비아 아락보다 더 세련되고 견과류와 보리의 풍미가 나며 코코넛과 꽃 향기까지 난다.

불행히도 이렇게 만들어진 대부분의 아락은 스리랑카 내에서 소비되며 아주 소량만이 국외로 수출된다. 하지만 바타비아 아락에 대한 관심이 높아지고 흥미로운 펀치 칵테일의 귀환이 이루어지면서, 스리랑카에서 제조되는 높은 품질의 아락이 세계 시장으로 판매되고 있다.

'나인틴 트웨니 포Nineteen Twenty-Four' 칵테일은 락랜드 증류소의 설립 연도에서 이름을 따왔으며, 바텐더 온드레이 포스피할Ondřej Pospíchal에 의해 실론 아락 브랜드를 홍보하기 위해 만들어졌다. 이 칵테일은 야자 아락이 식전주로도 사용될 만큼 다재다능하다는 것을 잘 보여 준다. 만약 야자 아락을 구하게 된다면 한 번쯤 만들어 볼 만한 칵테일이다.

재료

스리랑카 야자 아락 40*ml*
만자니야 셰리 20*ml*
마라스키노 리큐어 15*ml*
스위트 버무스 10*ml*
가니시 : 레몬 껍질

만드는 법

모든 재료를 믹싱 글라스에 넣는다. 얼음을 넣고 충분히 차가워질 때까지 젓는다. 차가운 쿠페 글라스에 따르고 가니시는 레몬 껍질로 마무리한다.

바텐더의 조언 가능하다면 코코넛 야자 100% 제품을 사용하도록 한다. 값싼 제품은 야자 아락에 중성 알코올을 혼합하기도 한다.

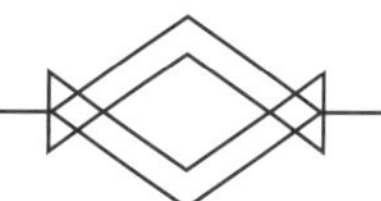

OAXACA OLD FASHIONED

오아하카 올드 패션드, 멕시코 오아하카

메즈칼은 20세기 내내 지구상에서 가장 저평가된 스피릿이었다. 말콤 라우리Malcolm Lowry가 만든 유명한 칵테일 언더 더 볼케이노를 제외하고는, 메즈칼은 싸고 식도를 태우는 듯한 거친 스피릿으로, 병에 벌레가 들어가 있는 잘 알려지지 않은 술이었다. '브랜디가 코냑이 아닌 것처럼 메즈칼은 테킬라가 아니다'라는 옛말을 한 번쯤 들어 본 적이 있을 것이다. 이 말은, 메즈칼이 좀 더 세련되고 유명한 테킬라보다 낮은 등급이라는 의미였다. 최근까지 테킬라는 메즈칼의 특정한 유형으로 정의되었지만 이제 더는 그렇지 않다. 메즈칼은 1994년 이래로 원산지 보호를 받으며, 최고의 테킬라들과 경쟁할 만큼 맛과 품질에서 크게 발전하였다.

메즈칼과 테킬라는 멕시코에서 자생하는 다육식물인 아가베로 만든다. 파인애플과 비슷하여 '삐냐piña'라고 불리는 아가베의 중심 부분을 가열하고 짜서 달콤한 즙을 얻고 이것을 발효하고 증류하여 만든다는 점에서 서로 비슷하다. 하지만 테킬라는 블루 아가베만을 사용해서 만들어야 하고, 메즈칼은 블루 아가베를 포함하여 30종이 넘는 다른 아가베를 사용할 수 있다. 테킬라를 만들 때는 아가베를 큰 오븐에 넣고 스팀으로 찌듯이 굽지만, 메즈칼을 만들 때는 직화 오븐에서 나무를 태워 아가베를 굽는다. 이러한 과정 때문에 메즈칼에는 테킬라에서 느낄 수 없는 훈연의 향이 있다. 테킬라 생산의 중심지가 할리스코라면 메즈칼 생산의 중심지는 오아하카이다.

현재 크래프트 칵테일업계의 메즈칼 인기는 수입업자인 론 쿠퍼Ron Cooper와 존 렉슬러John Rexler의 공이 매우 크다. 론 쿠퍼는 델 마게이 메즈칼의 창업자이며, 존 렉슬러는 과테말라의 까페 노 쎄의 대표이다. 바텐더인 텍사스의 바비 히결Bobby Heugel, 뉴욕의 아이비 믹스Ivy Mix 그리고 필 워드Phil Ward도 메즈칼의 성공에 기여했다. 여기서 소개하는 '오아하카 올드 패션드'는 필 워드가 2007년 올드 패션드를 변형하여 만든 것으로, 이제는 '모던 클래식'이라 불릴 만큼 세계적인 인기를 누리고 있다. 그의 오리지널 레시피는 테킬라와 메즈칼을 같이 사용하지만, 여기서는 달콤하고 부드러운 아네호 메즈칼을 쓴다.

재료

아네호 메즈칼 60*ml*
아가베 넥타 5*ml*
초콜릿 몰 비터 2dashes
가니시 : 오렌지 껍질

만드는 법

모든 재료를 믹싱 글라스에 넣는다. 얼음을 넣고 충분히 차가워질 때까지 젓는다. 완성된 칵테일을 올드 패션드 글라스에 붓고 얼음을 채운다. 가니시는 오렌지 껍질로 한다.

바텐더의 조언 만약 좋은 달콤한 아네호 메즈칼을 구할 수 없으면 45*ml*의 100% 아가베로 만든 품질 좋은 레포사도 테킬라와 15*ml*의 향이 강한 호벤 메즈칼을 사용해도 된다.

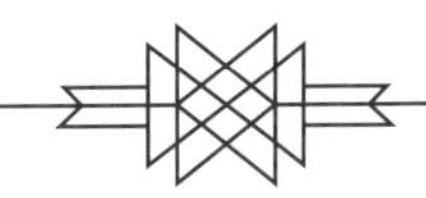

PAINKILLER

페인킬러, 영국령 버진아일랜드 요스트밴다이크

영국령 버진 아일랜드의 요스트밴다이크 섬의 소기 달러 바는 낙원 같은 해변가에 위치하고 있다. 햇살이 비치는 하얀 백사장의 야자나무 그늘 아래에서 투명할 정도로 깨끗한 바다를 보고 있노라면 마치 만화 속에 들어간 듯한 착각까지 하게 된다. 다만 한 가지 문제가 있다면, 바로 여러분을 섬으로 빠르게 데려가 줄 제트 보트가 없다는 것이다. 그래서 무엇인가 마시고 싶다면 헤엄쳐서 소기 달러 바로 가야 한다. 이 바는 모던 트로피컬 티키 칵테일 르네상스 시대의 가장 사랑 받는 칵테일의 꽃인 '페인킬러Painkiller'로 매우 유명하다. 향이 강렬한 다크 럼과 오렌지 주스를 가미하여 만들어 피나 콜라다(122p 참조)와 매우 비슷하다. 최근에 페인킬러는 이 칵테일의 유래로 유명세를 떨치는 대신 불미스런 법적 다툼을 하고 있다.

1971년 조지 마이릭Geroge Myrick과 메리 마이릭Mary Myrick 부부 아니면 다프네 헨더슨Daphne Henderson에 의해서 만들어진 페인킬러는 원래 다른 두 종류의 럼을 사용하였다. 무엇보다 이 책에서 소개하는 푸셔스사社의 네이비 럼은 아직 만들어지기 전이었다. 1980년에 푸셔스 럼의 창업자 찰스 토비아스Charles Tobias는 영국 해군으로부터 과거 영국 해군이 선원들에게 배급하였던 럼의 블렌딩 정보와 특허권을 사들였다. 이 회사는 영국령 버진 아일랜드에서 시작되었으며, 이후 소기 달러 바의 페인킬러에 대한 상표권까지 구매하였다.

페인킬러 칵테일은 푸셔스사의 럼이 2011년에 뉴욕의 티키 바인 페인킬러에 대해 법적 소송을 진행하면서 더 널리 알려졌다. 페인킬러 바는 이들과의 협상을 통해 자신들의 이름을 PKNY로 바꾸는 것에 동의하였다. 이 조치는 오늘날까지 논의되고 있는 칵테일의 상표권과 지적재산권에 대한 논쟁을 불러 일으켰다.

이 레시피에서 럼의 비율은 티키 칵테일의 거장 매트 '럼두드' 로볼드Matt 'RumDood' Robold가 제안한 대로 파인애플 주스와 동일하게 늘렸고, 나머지 재료의 비율은 원래의 레시피 그대로 사용했다. 만약 여러분이 푸셔스 럼을 찾지 못하다면, 자메이카 럼처럼 영국 스타일의 방향 좋은 다크 럼을 사용해도 된다. 다만 그것을 페인킬러라고 부르지 않았으면 한다.

재료

푸셔스 럼 60*ml*
파인애플 주스 60*ml*
오렌지 주스 15*ml*
가당하지 않은 코코넛 크림 15*ml*
시럽 7*ml*
가니시 : 육두구 가루, 오렌지 휠, 민트 줄기

만드는 법

모든 재료를 칵테일 셰이커에 넣는다. 얼음을 넣고 충분히 잘 흔들어 준다. 당신이 좋아하는 티키 글라스에 붓고 크러시드 아이스를 채운다. 가니시로 육두구를 갈아 주고 오렌지 휠과 민트 줄기를 올려 마무리한다.

PEGU CLUB

페구 클럽, 미얀마 양곤

칵테일 역사에 있어 아주 많은 부분이 제국의 식민지와 연관이 크다. 좀 더 정확히 말하자면, 식민지가 없었다면 칵테일이라는 것 자체가 없었을 수도 있다. 19세기 칵테일들은 세계 각지에서 공수된 이국적인 재료 덕분에 가능하였지만, 본국에서 이러한 칵테일을 즐기던 사람들은 식민지의 열악하고 착취 당하는 현실에 대해 잘 알고 있지는 않았다. 만약 여러분이 식민지에서 통치를 하는 제국주의 엘리트였다면 아마도 일반 대중하고는 떨어진 고급스러운 장소에서 즐기고 싶어 했을 것이다. 만약 당신이 미얀마 식민지의 정부에서 일하는 영국 엘리트였다면, '페구 클럽Pegu Club'에서 칵테일과 함께 휴식을 즐겼을 것이다.

페구 클럽의 유명세는 여러 작품을 통해 확인할 수 있다. 젊은 시인이었던 조지프 러디어드 키플링Joseph Rudyard Kipling이 미얀마 양곤에 도착한 첫날 저녁에 이 클럽을 방문하였고, 이때의 경험을 바탕으로 「만달레이*Mandalay*'」라는 작품을 쓰기도 하였다. 이 클럽은 조지 오웰George Orwell의 풍자 소설 「버마 시절*Burmese Days*'」에도 잠깐 등장하는데, 소설에 등장하는 유럽 신사가 '이제 페구 클럽조차 현지인들을 받아들인다'고 불평한다. 하지만 클럽의 명성을 오래 전부터 널리 알린 것은 클럽의 이름을 딴 칵테일이다. 진과 오렌지 리큐어, 비터와 라임 주스로 만든 이 칵테일은 클럽이 미얀마 정부에 의해서 몰수된 이후에도 그 이름을 역사에 남기고 있다. 1930년에 해리 크래독이 저술한 *Savoy Cocktail Book*에 '전세계에 전해져 있고 전세계에서 주문이 쇄도하고 있다'라고 소개될 정도로 인기가 있었다.

페구 클럽이 지금까지 그 명성을 이어 나갈 수 있는 것은 오드리 손더스 덕분이다. 진 칵테일을 잘 만들기로 유명한 그녀의 바 '페구 클럽'은 뉴욕에 있으며 크래프트 칵테일업계의 상징적인 곳이다. 그녀는 '솔직히 말해 내가 소매를 걷어붙이고 나섰기 때문에 다시금 떠오를 수 있었다'고 작가인 필 맥코스랜드Phil McCausland에게 이야기하였다. 불미스러운 역사를 가지고 있지만, 전체가 어떻게 그 부분을 초월할 수 있는지 고전적인 교훈을 주는 이 칵테일은 가치 있는 챔피언의 음료로 남아 있다.

재료

진 60*ml*
오렌지 리큐어 22*ml*
라임 주스 15*ml*
아로마틱 비터 1dash
오렌지 비터 1dash
가니시 : 라임 껍질

만드는 법

모든 재료를 칵테일 셰이커에 넣는다. 얼음을 넣고 충분히 차가워질 때까지 흔들어 준다. 더블 스트레이닝하여 차가운 쿠페 글라스에 담는다. 가니시는 라임 껍질로 마무리한다.

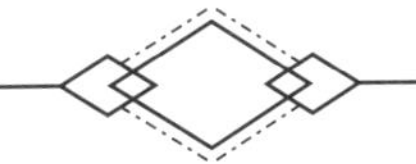

PIÑA COLADA

피나 콜라다, 푸에토리코 산 후안

이 책에서 소개하는 여러 칵테일과 마찬가지로 '피나 콜라다Piña Colada'의 기원 역시 불분명하다. 피나 콜라다의 기원에 관한 논쟁 중에서 가장 설득력 있는 것은 푸에르토리코 산 후안에 있는 두 곳의 바에서 만들어졌다는 것이다. 그들은 저마다 피나 콜라다를 만들었다고 주장하며, 이를 뒷받침하는 명반을 가지고 있다. 바라치나 바는 1963년에 라몬 포르타스 몽고Ramon Portas Mongot가 만들었다고 하고, 카리브 힐튼 호텔의 비치코머 바는 1952년에 라몬 '몬치토' 마레로 페레즈Ramón 'Monchito' Marrero Pérez가 만들었거나 1954년에 리카르도 가르시아Ricardo García가 만들었다는 2가지 가능성을 제시한다.

그런데 가장 푸에르토리코다운 이 칵테일은 사실 다른 곳에서 만들어졌을 가능성이 존재한다. 비치코머 바에서 만들어지기 전인 1950년 4월 16일자 『뉴욕 타임즈』에는 피나 콜라다가 쿠바에서 럼과 파인애플, 코코넛 밀크로 만들어지고 있다고 언급되어 있다. 1989년 『뉴욕 타임즈』 편집장에게 온 편지에서, 제보자는 1950년에 멕시코에서 이미 피나 콜라다를 만들어서 친구들과 함께 마셨다며 '그게 그렇게 새로운 것인지 생각지도 않았다'라고 한다. 피나 콜라다로 불리는 음료는 이미 20세기 초 캐러비안에 널리 알려져 있었다. 스페인어로 '체에 거른 파인애플'이라는 뜻의 이 단어는 과육을 제거한 파인애플 주스를 뜻한다.

푸에르토리코 사람들이 피나 콜라다 돌풍을 일으킨 것은 맞는 듯하다. 그들은 코코넛 크림을 추출하는 방식을 완성했다. 이전에 코코넛 크림을 만들려면 과육을 추출하여 물에 불린 뒤 과즙을 짜내고, 그 과즙에서 크림이 분리되기까지 오랜 시간 기다려야 하는 고된 작업이었다. 푸에르토리코의 교수 라몬 로페즈 이리자리Ramón López Irizarry에 의해 대량 생산이 가능해졌고, 우리는 그가 만든 최초의 코코넛 크림 브랜드 코코 로페즈를 슈퍼마켓에 가서 사면 된다. 만약 여러분이 블렌더로 만든 피나 콜라다를 좋아한다면, 그다지 알려지지 않은 캐러비안의 음료를 세계의 무대로 안내한 이리자리를 위해서 한 잔의 축배를 드는 것도 좋을 것이다.

재료

럼 60*ml*
가당하지 않은 코코넛 크림 60*ml*
파인애플 주스 30*ml*
시럽 22*ml*
라임 주스 15*ml*
가니시 : 파인애플, 체리, 오렌지 휠 또는 민트 줄기

만드는 법

모든 재료를 블렌더에 넣는다. 사용한 재료와 비슷한 양의 크러시드 아이스를 넣는다. 블렌더를 가장 느린 속도부터 시작하여 점점 더 빠르게 올려 섞는다. 최고 속도에 도달했을 때 크러시드 아이스를 조금씩 더 넣으며 음료를 조금 걸쭉하게 만든다. 완성된 음료를 콜린스 글라스나 티키 머그에 따른다. 가니시는 마음에 드는 것으로 자유롭게 사용하여 마무리한다.

PISCO SOUR

피스코 사워, 페루 리마

피스코처럼 기원이 불분명한 스피릿이 갈등을 일으키고 있다는 것은 상상하기조차 어렵다. 하지만 민족주의를 마약과도 같은 지옥의 하나로 취급하며 특히나 그 상대가 치열한 전쟁을 치렀던 국가라면 더욱 더 그 효과가 강하다. 칠레와 페루는 서로 피스코를 자신들의 술이라고 주장한다. 이 투명하고 가볍게 숙성된 포도 브랜디는 역사적 기원도 불분명하고, 피스코가 만들어졌을 당시 페루 총독이 통치하던 시기에는 페루와 칠레는 같은 영토에 속해 있었다. 사실 피스코 원산지에 대한 논쟁에 불을 붙인 것은 서로의 피스코를 상대 국가에서는 일반 브랜디로 표시하고 있기 때문이다.

다행인 것은 '피스코 사워Pisco Sour'의 기원은 그래도 어느 정도 분명하다는 것이다. 페루의 작가인 라울 리베라 에스코바Raúl Rivera Escobar 덕분에 피스코 사워가 1903년 팸플릿에 '칵테일'이라는 이름으로 레시피와 함께 등장한다. 이 피스코 사워를 세계적으로 유명하게 만든 것은 페루 리마에 있는 아메리칸 바의 사장인 빅터 '그링고' 모리스Victor 'Gringo' Morris에 의해서이다. 1924년 모리스는 페루와 칠레의 영어권 국외 거주자에게 자신의 바가 몇 해 전부터 피스코 사워로 유명하다면서 자신의 바 칵테일을 광고했다. 아메리칸 바의 피스코 사워는 곧 페루와 칠레 전역으로 알려지면서 음료 문화를 이끌었다. 물론 지역마다 조금의 차이가 있으며, 칠레의 피스코 사워는 달걀 흰자를 제외하고 비터로 장식한다.

피스코 사워를 둘러싼 논쟁은 어느 피스코를 사용하는 것이 더 좋은지에 치중되어 있다. 칠레 피스코는 연속식 증류기를 이용하여 만들고 나무 케스크에 잠시 숙성을 하는 매우 가벼운 술이다. 이에 반해 페루 피스코는 단식 증류를 하고 도자기에 숙성하여 좀 더 거칠지만 향이 풍부한 스피릿이다. 이 책에서 소개하는 레시피는 칠레 피스코와 좀 더 어울릴 수도 있다. 하지만 거칠고 향이 풍부한 페루 피스코는 역사적으로도 더 정확하며, 매끄러운 질감을 주는 달걀 흰자와도 잘 어울려 최고의 피스코 사워를 선보인다.

재료

피스코(페루산) 60*ml*
라임 주스 15*ml*
시럽 15*ml*
달걀 흰자 1개분
아로마틱 비터 3~4 drop

만드는 법

비터를 제외한 모든 재료를 칵테일 셰이커에 넣는다. 얼음 없이 드라이 셰이킹하여 달걀 흰자 거품을 만든다. 다시 얼음을 넣고 충분히 흔들어 준다. 차가운 쿠페 글라스에 더블 스트레이닝한다. 비터를 한 방울씩 거품 위에 떨어뜨리고 이쑤시개로 소용돌이 같은 문양을 만들어 주고 마무리한다.

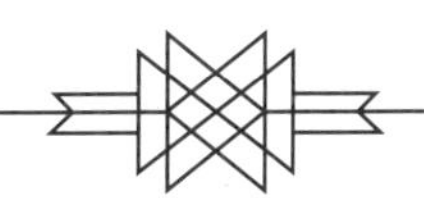

PLANTER'S PUNCH

플랜터스 펀치, 자메이카 킹스턴

플랜터스 펀치Planter's Punch는 모든 열대 티키 칵테일의 선구자로, 많은 아류가 만들어졌다. 전설적인 미국인 바텐더이면서 예명인 돈 더 비치코머Don the Beachcomber(95p 참조)로도 잘 알려진 어네스트 간트Ernest Gantt는 1920년대 킹스턴의 머틀 뱅크 호텔의 패티오 바에서 이 칵테일을 처음 접하고는 첫눈에 반했다고 한다. 금주법이 폐지된 이후 칸트 같은 인물들에 의해 플랜터스 펀치는 미국에서 가장 인기 있는 칵테일 중 하나가 되었다. 티키 역사가인 제프 '비치범' 베리에 의하면, 간트의 모든 칵테일은 여기에서 파생되었고, 이 칵테일을 기초로 전지전능한 마이 타이 칵테일(94p 참조)이 만들어졌다고 한다.

수년간 몇몇의 캐러비안 사람들은 어떻게 플랜터스 펀치를 만드는지에 대해 장난스럽게 알리고 있다.

'뜨거운 볕 아래서 일하고 있는 형제에게 나는 이 칵테일을 만들어 주었다네. 2파트의 신맛(라임을 지칭한다), 1½ 파트의 단맛 그리고 강한 자메이칸 럼 3파트 그리고 4파트의 약한 것(물을 지칭한다)을 이렇게 섞으면 그 맛이 안 좋을 수가 없다네.'

여기에서도 볼 수 있듯이, 이 펀치는 매우 평범한 재료로 만들었지만 매우 훌륭하다. 플랜터스 펀치를 만드는 사람들에 따라 환상적인 부재료(스파클링 워터, 석류 시럽, 파인애플 주스)를 사용하여 단 몇 분 만에 준비할 수 일반적인 럼 펀치의 한 잔에 불과하기도 하다.

1920년대 캐러비안의 대부분의 호텔에서는 이와 비슷한 펀치를 만들어서 판매하고 있었다. 하지만 자메이카 럼 제품인 메이어스 럼의 창업자인 프레드 L. 메이어스Fred L. Meyers 덕분에 킹스턴 호텔이 플랜터스 펀치의 요람이 되었다. 마이어스는 '신맛 하나, 단맛 둘, 강한 맛 셋, 그리고 약한 맛 하나'를 시적이지 않은 더 강력한 '단맛 하나, 신맛 둘, 약한 맛 셋 그리고 강한 맛 넷'으로 바꾸었다. 1957년 레몬 하트 럼사社를 운영하는 미국의 대령 A.R. 울리A.R. Woolley는 이 칵테일의 레시피에서 물 대신 블랙 티 사용을 제안하기도 하였다.

재료

자메이카 다크 럼 60*ml*
블랙 티 45*ml*
라임 주스 30*ml*
시럽 22*ml*
가니시 : 체리, 라임 휠, 민트 줄기 등은 선택 사항

만드는 법

모든 재료를 콜린스 글라스에 넣는다. 크러시드 아이스로 글라스를 채운다. 스위즐 스틱이나 바 스푼으로 휘젓는다. 크러시드 아이스를 채우고 가니시로 마무리한다.

바텐더의 조언 블랙 티를 너무 강하게 우리지 않도록 조심한다. 일반적인 풍미를 가진 블랙 티이면 충분하다.

PRUSSIAN GRANDEUR PUNCH

프러시안 그랜저 펀치, 독일 베를린

19세기 말은 프러시아의 전성기였다. 프러시아 철의 수상인 오토 폰 비스마르크Otto von Bismarck를 중심으로 수많은 전쟁에서 승리하여 1871년 통일된 독일제국이 출발하였다. 그리고 곧 카이저 빌헬름 1세의 시대가 도래하였다. 사실 빌헬름 1세는 통일 독일의 황제였지만, 실질적인 통치는 비스마르크 수상에 의해서 이루어졌다. 비스마르크는 마키아벨리Machiavelli에게 치욕을 줄 정도의 강력한 보수적인 독재자로 '철의 수상'직을 이어 나갔다.

'프러시안 그랜저 펀치Prussian Grandeur Punch'의 발명가인 해리 존슨Harry Johnson은 프러시아에 대한 지식이 풍부한 것은 아니었다. 당시 프러시아의 수도였던 쾨니히스베르크에서 태어난 그는 7세 때 미국 샌프란시스코로 이민을 가게 되었다. 1860년, 15세의 나이에 유니언 호텔에서 바텐더를 시작하였다. 그는 제리 토마스(101p 참조)보다 자신이 더 먼저 바텐더 매뉴얼을 출간했다고 주장한다. 하지만 그가 주장하는 책은 1만 권이 인쇄되었다고 전해지나 단 한 권도 현재까지 전해져 내려오지 않는다. 이후 1882년 새롭게 *Bartender's Manual* '개정판'이 발간되었고, 이 책은 영어와 독일어로 각각 출간되었다.

프러시안 그랜저 펀치는 1882년 *Bartender's Manual*에서 가장 중요한 칵테일 가운데 하나이다. 이 칵테일은 보드카와 비슷한 독일의 호밀 증류주로, '콘'이란 이름으로 더 잘 알려진 브랜트바인 6병과 캐러웨이 리큐어인 퀴멜 그리고 체리 증류주인 키르슈바서를 이용해서 만든다. 그렇다면 이것이 프러시아와는 무슨 상관이 있는가? 존슨이 그의 책에서 특정한 브랜트바인 브랜드는 노트호이저로, 비스마르크가 가장 좋아한 브랜드라고 전해진다. 여기서 소개하는 레시피는 집에서 만들어 마실 수 있도록 존슨의 레시피에서 재료의 비율과 양을 줄인 것이다.

재료 – 10잔 분량

설탕 115g
물 330*ml*
콘 750*ml*
퀴멜 125*ml*
키르슈바서 125*ml*
아니스 20*ml*
오렌지 리큐어 20*ml*
가니시 : 레몬과 오렌지 휠

만드는 법

설탕과 물을 펀치 그릇에 넣고 설탕을 완전히 녹여 준다. 다른 재료를 넣고 저어서 섞어 준다. 잘 섞은 액체를 냉장고에 넣어 차게 만든다. 손님에게 내기 전에 큰 얼음 덩어리를 넣어서 차갑게 온도를 유지한다. 가니시로 레몬과 오렌지 휠들을 넣어 마무리한다.

PUNCH À LA ROMAINE

펀치 아 라 로만, 영국 사우스햄튼

그 유명한 RMS 타이타닉호가 사우스 햄튼을 출발하여 뉴욕으로 향하던 1912년, 이 '펀치 아 라 로만Punch à La Romaine'은 프랑스인 셰프인 오귀스트 에스코피어Auguste Escoffier에 의해서 대중화되면서 최고의 전성기를 보내고 있었다. 펀치 아 라 로만은 타이타닉을 타고 명성을 얻었지만 역사 속에서 침몰하고 말았다. 타이타닉에서 회수한 메뉴에서 이 칵테일은 1등석 저녁 연회의 요리 사이에 제공되어 입 안을 정리하는 용도로 사용되었다고 한다. 절대 가라앉지 않는다는 배에 탄 당시의 엘리트들의 마지막으로 이 배의 침몰은 가히 충격적이었다.

이 칵테일과 관련된 타이타닉의 비극적인 침몰은 더 끔찍한 세계의 사건으로 이어졌다. 프란츠 페르디난트 오스트리아 대공의 암살로 시작된 1차 세계대전과 그 후 이어진 미국의 금주법은 이 칵테일의 고별을 전하는 듯하였다. 값비싼 재료와 많은 준비를 필요로 하는 영국 전성기 시대의 칵테일은 진정한 에드워드 시대의 스타일인 프랑스 샴페인을 재료로 사용할 정도였지만, 신세계에서는 자기의 자리를 찾지 못하고 타이타닉의 침몰과 함께 운명이 다했다.

만약 내일이 없듯이 마지막 밤을 즐기고자 한다면, 호화로운 양고기와 메추라기 요리 사이에서 입 안을 정리해 줄 이 펀치를 마시는 것보다 좋은 방법은 없다. 이 칵테일은 매우 세련되면서도 달걀 흰자 덕분에 부드럽고 레몬과 스파클링 와인 덕분에 산뜻하다. 좀 더 발전된 버전을 위해서는 아이스크림 메이커를 이용해서 레몬 그라니타를 만들고 이탈리안 머랭을 만들어 놓아야 한다. 이 간결한 버전은 그라니타의 질감을 대체하기 위해 크러시드 아이스를 사용하고 머랭을 만들기 위해 이 모든 작업을 셰이커로 한다.

재료

향이 강한 화이트 럼이나 화이트 럼 아그리꼴 30*ml*
오렌지 주스 30*ml*
레몬 주스 15*ml*
시럽 15*ml*
달걀 흰자 1개분
스파클링 와인 60*ml*
가니시 : 오렌지 껍질이나 유분

만드는 법

스파클링 와인을 제외한 모든 재료를 칵테일 셰이커에 넣는다. 얼음을 넣지 않고 드라이 셰이크하여 달걀 흰자 거품을 만든다. 다시 얼음을 넣고 잘 흔든 뒤 차가운 쿠페 글라스에 따른다. 곱게 간 얼음 조각을 넣어서 그라니타처럼 걸쭉하게 만든다. 스파클링 와인을 천천히 붓는다. 오렌지 껍질을 리본처럼 만들거나 유분만을 사용하여 마무리한다.

QUARANTINE

쿼런틴, 필리핀 마닐라

필리핀은 칵테일계에서 그렇게 중요한 곳은 아니지만 칵테일 역사에 매우 큰 영향을 주었던 적이 있다. 마닐라와 멕시코 아카풀코 사이의 갤리온선 무역로가 없었다면, 우리가 지금 아는 테킬라는 이 세상에 존재하지 않았을 수도 있었다. 몇몇 고고학자들은 필리핀인들이 증류 기술을 멕시코에 알려 주었다고 주장한다. 또한 1930년대와 1940년대 열대 티키 칵테일 운동의 전성기는 몇몇 미국인들로 대표되지만, 실제로 현장에서 가장 많이 고생한 것은 열악한 환경에서 고생한 무명의 필리핀 출신 바텐더들이다.

'쿼런틴Quarantine'은 전쟁 시기에 필리핀에서 처음 만들어졌다. 1898년 미국-스페인 전쟁 때, 미국은 서부 해안에 대한 스페인의 공격을 방지하기 위해 마닐라 항구로 진격하여 그곳에 있던 스페인 함대를 침몰시켰다. 당시 필리핀 독립운동을 이끌고 있던 에밀리오 아귀날도Emilio Aguinaldo를 비롯하여 필리핀인들은 미국인들이 자신들을 도와 스페인 정복자들을 몰아내 줄 것이라고 기대하였지만, 곧 미국 또한 스페인과 다를 바 없는 정복자임을 깨달았다. 1899년 독립운동가들은 미국을 상대로 독립전쟁을 선포하였고, 미국은 폭력적으로 독립운동을 억압하였다. 필리핀은 곧 미국의 식민지가 되었다. 미군이 파견된 이후 미국인들과 함께 칵테일이 들어오게 되었다. 미국인 작가이자 칵테일 애호가 찰스 H. 베이커는 1926년에 미국의 식민지인 필리핀을 방문하였고, 칵테일이 어떻게 현지에 맞게 적응하는지를 목격하였다.

베커는 필리핀의 칵테일에 감명을 받았고, 17가지의 칵테일을 1939년에 자신의 책 *The Gentleman's Companion*에 실었다. 대부분의 레시피는 마닐라 호텔의 매니저 월터 엘렛 '몽크' 앤트림Walter Ellett 'Monk' Antrim에 의해서 만들어졌다. 그중에는 '드라이 마티니를 능가하는 마닐라에서 가장 인기가 많은' 특이한 칵테일도 있다.

재료

화이트 럼 45*ml*
진 7*ml*
드라이 버무스 7*ml*
레몬 주스 7*ml*
오렌지 주스 7*ml*
시럽 7*ml*
압생트 2dashes 또는 드라이 아니스 5*ml*
달걀 흰자 1개분
가니시 : 레몬 껍질

만드는 법

모든 재료를 칵테일 셰이커에 넣는다. 얼음을 넣지 않고 드라이 셰이크하여 달걀 흰자의 거품을 만든다. 다시 얼음을 넣고 충분히 흔들어 준다. 칵테일을 차가운 쿠페 글라스에 더블 스트레이닝한다. 가니시는 레몬 껍질로 마무리한다.

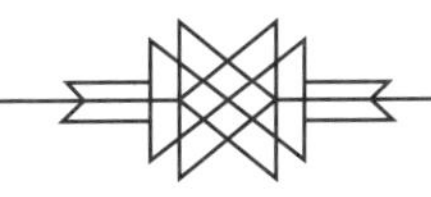

QUEEN'S PARK SWIZZLE

퀸즈 파크 스위즐, 트리니다드 토바고 포트오브스페인

앙고스투라 비터는 1824년에 만들어졌다. 베네수엘라의 사이몬 볼리바Simón Bolívar 장군 휘하에서 일하던 독일인 요함 지거트Joham Siegert 박사가 앙고스투라라는 도시에서 살면서 만병통치약을 만들려고 하면서 시작되었다. 지거트의 비터는 얼마 지나지 않아 영국 해군 장교들의 공식적인 술인 핑크 진의 핵심 재료가 되었고 전세계 바들의 술 진열장과 백 바에서 빼놓을 수 없는 재료가 되었다. 베네수엘라가 정치적으로 불안정해지자 지거트 박사의 아들이 베네수엘라를 떠나 스페인의 항구 도시인 트리니다드 토바고로 회사를 옮겨 갔고, 그 이후에도 앙고스투라 비터는 계속 이곳에서 만들어지게 되었다.

많은 다른 경쟁자들과 달리, 앙고스투라 비터는 금주법 시대에도 살아남았다. 대형 라벨을 가진 특유의 병은 병을 주문하는 책임자와 라벨을 디자인한 사람 사이의 의사 소통의 오류로 만들어진 것이었다. 앙고스투라 비터는 20세기 내내 바텐더들에게 가장 중요한 재료 가운데 하나가 되었다. 비록 그것을 몇 년 동안 건드리지 않았을지는 몰라도, 유명한 바에서는 앙고스투라 한 병 정도는 꼭 가지고 있다.

최근 크래프트 칵테일 붐이 불면서 예전에 앙고스투라와 겨루었던 비터가 다시 복원되거나, 그레이프푸르트(자몽) · 우롱 비터 등 새롭고 신비한 비터가 많이 만들어지고 있다. 그러면서 앙고스투라 비터의 인기가 조금 식어 보이기도 하지만, 트리니다드 토바고의 수도 포트 오브 스페인에 있는 이제는 낡고 명성만 남은 퀸스 파크 호텔의 이름을 딴 '퀸스 파크 스위즐Queen's Park Swizzle'은 정말 기분 좋은 앙고스투라 비터의 아름다움을 여전히 잘 보여 주고 있다. 칵테일 위에 충분히 뿌려진 장밋빛의 비터와 럼의 조화는 티키 칵테일의 장인인 트레이더 빅의 말대로 '이때까지 알려진 가장 강력한 마취제'라고 부를 정도로 경탄할 만하다.

재료

민트 잎 8개, 풍미가 진한 다크 럼 60*ml*
라임 주스 20*ml*
시럽 5*ml*
앙고스투라 비터 6~8dashes
가니시 : 민트 줄기

만드는 법

민트를 콜린스 글라스에 넣고 가볍게 짓이긴다. 럼과 라임 주스, 심플 시럽을 넣고 휘저어 잘 섞는다. 크러시드 아이스를 넣고 스위즐 스틱이나 바 스푼으로 잘 휘젓는다. 크러시드 아이스를 조금 더 채워 주고 위에 앙고스투라 비터를 충분히 뿌린다. 민트 줄기를 손바닥으로 잘 쳐 준 뒤 가니시로 올리고 빨대를 꽂고 마무리한다.

바텐더의 조언 많은 양의 앙고스투라를 사용할 때는 조심해야 한다. 이 비터는 한번 착색되면 색이 잘 지워지지 않기 때문에 조심해서 뿌려야 한다.

RHUBARB FIZZ

루바브 피즈, 호주 시드니

최근까지만 해도 시드니의 바는 대부분이 비싼 입장료와 까다로운 입출입 조건으로 부유한 소수에게만 허락된 클럽이나 대형 바이다. 이곳들은 호주의 중심지답게 가장 화려하고 세련되게 꾸며져 있었으나, 음료 만큼은 그렇지 않았다. 2007년 시드니 도심에 소규모 바 라이선스가 도입됨에 따라 호주의 모든 것이 점차 변해 갔다. 이로 인해 소규모 사업자는 대형 바에게 부과되는 비싼 라이선스 비용을 부담하지 않고도 영업 기회를 얻을 수 있었다. 그중에서도 가장 주목할 만한 바는 불리튼 플레이스로, 이곳은 계절에 맞는 현지의 신선한 제철 재료를 사용해서 만든 칵테일을 판매한다.

불리튼 플레이스는 재료의 신선함을 매우 중요시하는데, 이는 호주의 식음료 문화를 변화시키고 있다. 현지의 식재료를 중요시하는 '로커보리즘locavorism'과 '슬로 푸드' 문화는 환경에 대한 경각심과 세계화에 대한 사회적 영향과 함께 커 가고 있다. 여기에 발맞추어 호주 바텐더들은 진귀한 수입 제품을 선택하기보다는 자신들의 주위에 있는 재료를 활용하기 시작했다. 아마도 이것은 적절했으며, 불리튼 플레이스는 시드니의 다른 고급스러운 바처럼 화려한 장식은 전혀 없고, 오히려 기둥이 드러나고 오래된 가구로 채워져 있다.

짜릿하고 신선한 호주산 루바브(대황) 콤포트와 진, 단맛을 주는 페드로 히메네즈 셰리와 균형을 잡아 주는 레몬 주스까지, '루바브 피즈Rhubarb Fizz'는 불리튼 플레이스의 공동 대표인 팀 필립스Tim Philips가 오랫동안 고민한 결과와는 무색할 정도로 간단해 보인다. 그렇기에 만약 여러분이 루바브를 구할 수만 있다면, 지역이나 계절과 관계없이 이 칵테일을 재창조할 수 있다.

재료

진 40*ml*
루바브 콤포트 20*ml*
레몬 주스 15*ml*
페드로 히메네즈 10*ml*
시럽 10*ml*
달걀 흰자 1개분
탄산수 60*ml*

만드는 법

탄산수를 제외한 모든 재료를 셰이커에 넣는다. 얼음을 넣지 않고 드라이 셰이크하여 달걀 흰자 거품을 만든다. 얼음을 넣고 충분히 차가워지도록 흔든다. 콜린스 글라스에 더블 스트레이닝하여 따라 준다.

바텐더의 조언 인터넷에는 다양한 루바브 콤포트 레시피가 찾아볼 수 있다. 여러분이 루바브 콤포트를 만들기 위해서는 루바브와 설탕 그리고 물만 있어도 충분하다.

SAKURA MARTINI

사쿠라 마티니, 일본 고베

일본은 비교적 이른 시기에 칵테일 문화가 빠르게 소개되었지만(23p 참조), 20세기 후반까지 일본 고유의 재료로 만든 칵테일을 전세계 칵테일 업계에서 찾아보기는 쉽지 않았다. 물론 앞서 소개한 호주의 대표인 재패니즈 슬리퍼(84p 참조)와 같이 몇몇 칵테일이 등장하였지만, 이러한 칵테일은 일본의 크래프트 칵테일 문화와는 상당히 동떨어진 것이었다. 대부분이 '사케티니Saketini'라 불리는, 이들은 대부분 명목상 몇몇 아시아적 재료인 리치나 오이, 지나치게 달콤한 풍미를 사용하여 만든 형편 없는 칵테일에 불과하였다.

다른 문제점은 서양의 바텐더들이 일본의 사케를 놀라운 정도의 다양하고 변하기 쉬운 술이 아니라, 단순하고 변하지 않는 칵테일의 재료로 완고하게 보았다는 점이다. 사케는 라이스 와인으로 도정을 거친 쌀과 물을 발효시켜서 만든 것이다. 고베 근처 나다 지역이 일본 사케 산업의 중심지이다. 사케는 와인처럼 매우 많은 다양한 종류들이 있다. 쌀의 50% 정도를 도정해서 만드는 다이긴죠, 알코올 첨가 없이 만드는 준마이, 알코올을 첨가하는 혼조슈 등이 있다. 사케를 어떻게 발효시키고, 발효 이후 어떻게 처리하는지에 따라서 사케의 카테고리를 더욱 세세하게 나눌 수 있다. 그렇기에 칵테일 레시피에 '사케'라고 적는 것은 와인이라고 적는 것과 마찬가지로 매우 쓸모 없고 의미가 없는 레시피이다. 와인에도 화이트, 레드, 주정 강화 혹은 스파클링처럼 다양한 종류가 있기에 정확하게 적어 주는 것이 필요하다.

일본인 바텐더 켄타 고토Kenta Goto가 운영하는 고토 바에서는 일본을 느낄 수 있는 칵테일이 있다. 일본식 바 문화를 잘 보여 주는 이 칵테일은 모든 재료에 대한 세심한 손길을 느낄 수 있다. 고토 바의 '사쿠라 마티니Sakura Martini'는 소금에 절인 매화가 띄워져 있으며, 품질 좋은 사케가 주연을 하고 있다. 이 칵테일만큼 일본의 재료와 일본 칵테일의 감성을 잘 표현할 수 있는 칵테일도 찾아보기 드물다.

재료

소금에 절인 매화 가니시
준마이 다루자케 사케 75*ml* (가능하다면 오제키 고마츠 타테와키 사케)
진(플리머스) 30*ml*
마라스키노 리큐어 1dash

만드는 법

소금에 절인 매화를 따듯한 물에 넣고 10분간 불린다. 체를 사용하여 불린 매화를 차가운 물에서 헹군다. 페이퍼 타월을 이용해서 물기를 제거한다. 믹싱 글라스에 사케와 진 그리고 마라스키노 리큐어를 넣는다. 얼음을 넣고 차가워질 때까지 젓는다. 차가운 쿠페 글라스에 따른다. 준비한 매화를 띄우고 마무리한다.

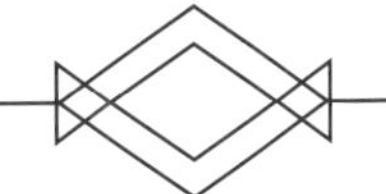

SAN MARTÍN

산 마르틴, 우루과이 몬테비데오

19세기 말부터 20세기 초까지 어디를 가든 자신들이 원하는 음료를 찾는 미국인 관광객들에 의해 남미에서도 칵테일이 처음 만들어지게 되었다. 이 미국인 관광객들이 우루과이와 아르헨티나에 도착했을 때에는 수익성 좋은 가축 사업을 하는 유럽 이민자들과 그들이 구대륙에서 가지고 온 압생트, 버무스 그리고 아마로(이탈리안 비터)와 같은 복잡하고 다양한 허브 음료를 만나게 되었다. 라플라타 강과 파라나 강을 따라 무역이 활발해지면서 우루과이의 수도 몬테비데오는 현대적인 대도시로 변화되었다. 여러 인종과 문화가 혼재된 플라티네Platine 유역에서 남미 최고의 클래식 칵테일인 '산 마르틴San Martín'이 탄생하였다.

칵테일 역사학자인 데이비드 원드리치는 산 마르틴에 대해 '남미의 느낌을 갖고 있는 달콤한 마티니'라고 평가하였다. 그 이름은 남미 리베르따도레스 독립운동의 선구자 가운데 한 명인 호세 프란시스코 드 산 마르틴José Francisco de San Martín에서 따온 것이라고 한다. 미국인 칵테일 애호가들이 거의 신봉하는 마티니를 소리 내어 주문하면 길고 매혹적인 마티니의 발음이 거의 다 다르게 들려 '마티니Martini'가 '마르틴Martín'이 되었고, '마르틴Martín'이라는 이름에는 항상 '산San'이 붙어 있어야 하기 때문에 이러한 이름이 되었을 것이라고 주장한다.

초기 레시피들은 산 마르틴이 동일한 양의 진(런던 드라이 또는 올드 톰)과 스위트 버무스 그리고 매우 소량의 무엇인가로 만든다고 한다. 여기서 그 소량의 무엇인가는 플라티네 유역의 각각의 바마다 조금씩 달랐고, 오렌지 비터부터 마라스키노 리큐어, 체리 브랜디, 오렌지 큐라소, 옐로우 샤르트뢰즈까지 매우 다양한 것이 사용되었다. 1911년에 처음 알려진 가장 오래된 레시피에는 기본 재료인 진과 버무스에 무려 3가지 다른 재료가 추가된다. 여기서 소개하는 레시피는 저명한 벨기에 바텐더 로베르 베르메르Robert Vermeire의 *Cocktail: How to Mix Them*에서 소개된 것으로, 바 스푼 하나 분량의 옐로우 샤르트뢰즈를 추가하면 산 마르틴에 허브의 복잡성을 충분히 주면서도 단순히 '마티니' 이상의 칵테일로 탄생되었다.

재료

진(런던 드라이 혹은 올드 톰) 45*ml*
스위트 버무스 45*ml*
옐로우 샤르트뢰즈 5*ml*
가니시 : 레몬 껍질 그리고 제철 과일은 선택 사항

만드는 법

모든 재료를 믹싱 글라스에 넣는다. 얼음을 넣고 충분히 젓는다. 차가운 쿠페 글라스에 부어 준다. 레몬 껍질을 짜 주고 원한다면 제철 과일을 가니시로 올린다.

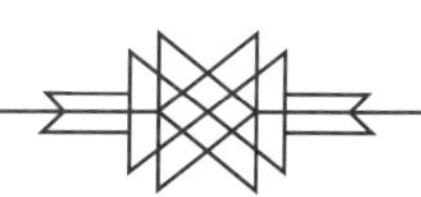

SAZERAC

세즈락, 미국 뉴올리언스

뉴올리언스를 대표하는 칵테일 중 하나인 '세즈락Sazerac'은 이제는 올드 패션드(38p 참조)라고 알려진 위스키 칵테일과는 오래 전부터 시작이 다른 칵테일이다. 세즈락의 역사는 뉴올리언스에서 약사로 일하던 앵트완 아메디 페이쇼드 Antoine Amedie Peychaud가 자신의 이름을 가진 비터를 처음 만들었던 1830년대까지 거슬러 올라간다. 이 비터는 설탕과 물 그리고 다량의 프랑스 브랜디와 함께 칵테일로 만들어지게 되었다. 이 당시 사용된 프랑스 브랜디는 세즈락 드 포즈 에 피즈사의 제품으로, 결국에는 이 칵테일에 이름을 빌려준다. 1843년에는 많은 뉴올리언스 바들이 약간의 압생트를 넣기 시작하였는데, 이로 인해 현대적 세즈락이 탄생하였다.

세즈락이 알려지면서 동시에 '필록세라'와 '압생트 패닉'이라는 시련이 다가왔다. 필록세라는 미국의 포도나무 뿌리병으로 19세기 중반 유럽으로 건너가 유럽의 와인 산업을 풍비박산하게 하였고, 그에 따라 브랜디 산업 또한 매우 큰 타격을 입었다. 프랑스 브랜디 품귀현상이 지속되자 미국 바텐더들은 프랑스 브랜디 대신 아메리칸 라이 위스키를 사용하여 만들기 시작하였다. 또한 프랑스 내에서도 브랜디 대신 압생트를 많이 마시게 되었다. 압생트는 높은 도수와 환각 작용을 일으킨다고 알려진, 초록 요정으로도 불리는 향쑥을 포함하고 있는데, 압생트 소비가 매우 늘면서 이는 사회적 문제를 일으키게 되었고, 법적으로 금지되었다. 그리하여 그 당시 많은 세즈락 레시피들은 압생트보다 허브세인트(향쑥이 들어가지 않은 유사품)로 만들어졌다.

세즈락에 대한 가장 오래된 기록은 압생트가 금지되기 전인 1899년 등장한다. 초창기 레시피에서는 페이쇼드 비터스를 특정하여 항상 사용한 것으로 보이지는 않았다. 오히려 환상적인 세즈락 버전은 코냑과 라이 위스키를 같이 사용하고, 약간의 압생트와 앙고스투라 비터를 사용한 것으로 이 버전은 그 당시 가장 품격 있던 칵테일의 파란만장한 역사를 반영하고 있다.

재료

코냑 30*ml*
라이 위스키 30*ml*
시럽 7*ml*
페이쇼드 비터 2dashes(원한다면 앙고스투라 비터 1dash 추가)
압생트 또는 허브세인트 5*ml*
가니시 : 레몬 껍질

만드는 법

올드 패션드 글라스에 압생트를 넣은 뒤 글라스 전체를 린스하듯이 잘 묻혀 주고, 여분의 압생트는 따라낸다. 압생트를 제외한 모든 재료를 믹싱 글라스에 넣는다. 얼음을 넣고 충분히 잘 젓는다. 준비해 놓은 압생트로 린스한 글라스에 따르고 그 위로 레몬 껍질의 유분을 입혀 준다. 껍질은 버려도 되고 글라스에 넣어도 된다.

SEVEN SEAS SWIZZLE

세븐 시즈 스위즐, 인도네시아 자카르타

럼 이전에 바타비아 아락이 있었다. 이 강렬한 향을 지닌 거친 인도네시아 스피릿은 사탕수수 당밀에 붉은 쌀과 야자와인과 함께 발효시켜 증류한 것으로, 지금까지도 인도네시아를 비롯한 몇몇 국가에서 그대로 만들어지고 있다. 현대적인 스피릿처럼 그렇게 매력적으로 보이지 않지만, 앞에서 소개한 고아 아락(115p 참조)과 함께 서양에 증류주의 즐거움을 전파하고 있다.

거친 특성에도 불구하고, 사실 바타비아 아락은 다른 스피릿보다 더 순하고 세련된 것으로 많은 인기를 얻었다. 18세기 영국 하층민들이 진에 취해 있을 때(71p 참조), 영국의 방탕한 상류층들은 랙 펀치Rack Punch ; 아락으로 만든 펀치를 즐겼을 만큼 인기가 괜찮았다. 하지만 19세기가 시작하면서 아락 펀치는 색다르거나 재미를 주는 음료로만 치부되며, 신대륙에서는 그다지 흥미를 끌지 못했다. 바텐더의 우상인 제리 토마스의 1862년 *Bar-Tender's Guide*에서는 아락을 골동품 취급하며 '펀치를 제외하고는 미국에서 잘 사용하지 않는다'고 알리고 있다. 아락이 21세기까지 살아남을 수 있었던 데는 네덜란드인의 공헌이 매우 크다. 인도네시아를 식민지로 지배하면서 바타비아 아락을 좋아하게 되었고, 이후 바타비아 아락으로 만드는 스웨디시 펀치를 개발하였으며, 이후 스웨덴에서는 바타비아 아락으로 만든 리큐어가 지금까지도 인기리에 판매되고 있다(51p 참조).

잊혀질 뻔한 다른 스피릿이 다시 자신들의 자리를 차지한 것처럼, 바타비아 아락도 전세계 크래프트 칵테일 업계의 주목을 다시 받고 있다. 이 스피릿이 럼이나 브랜디와 같은 위상을 다시 차지하기는 매우 힘들지만, 은근히 추종하는 바텐더들이 있다. 뉴욕의 포치라이트 바에서 일하는 닉 베넷Nick Bennett이 만든 '세븐 시즈 스위즐Seven Seas Swizzle'은 앞에서 소개한 퀸즈 파크 스위즐(134p 참조)과 전통적인 티 펀치를 함께 합쳐서 만들어서 이 스피릿이 가진 독특한 장점과 아름다움을 매우 잘 표현하고 있다.

재료

바타비아 아락 60*ml*
녹차 시럽 22*ml*
라임 주스 15*ml*
오렌지 비터 1dash
가니시 : 민트 줄기와 육두구 가루

만드는 법

모든 재료를 바로 콜린스 글라스에 넣어 준다. 크러시드 아이스를 채우고 스위즐 스틱이나 바 스푼으로 휘젓는다. 크러시드 아이스를 다시 채운다. 민트 줄기를 손바닥으로 가볍게 친 후 장식하고 그 위에 육두구를 갈아 준다. 빨대를 꽂아 준다.

바텐더의 조언 녹차 시럽을 만들기 위해서는 동일량의 설탕과 매우 진하게 우린 녹차가 필요하다. 녹차에 설탕을 넣고 다 녹을 때까지 젓는다. 차갑게 식힌 후에 깨끗한 병에 넣어 냉장 보관한다.

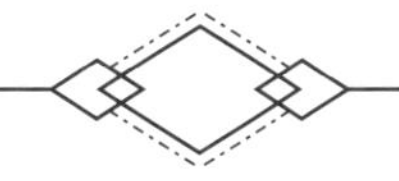

SHANGHAI BUCK

상하이 벅, 중국 상하이

1941년 뉴욕, 스피릿 회사인 휴블라인의 임원인 존 G. 마틴John G. Martin은 끔찍한 하루를 보내고, 기분이 매우 언짢은 채로 채텀 호텔의 바에 앉아 있었다. 1939년부터 회사에게 스미노프라는 작은 브랜드의 미국 내 유통권을 사들이도록 설득했지만 이 제품을 거의 판매하지 못했다. 그는 '스미노프는 당신을 숨도 못 쉴 정도가 되게 만든다Smirnoff leaves you breathless'라는 마케팅 문구로 이 술을 판매하려고 했으나 생각만큼 쉽지 않았다. 옆에 있던 할리우드 바 콕 '앤' 불의 사장인 잭 모건Jack Morgan은 마틴의 아픔에 공감하였다. 그 또한 자신의 바를 위해 직접 스파이스 진저 비어를 만들었지만 실패한 경험이 있었다. 그때 한 영업사원이 이들과 자리를 함께하게 되었고, 자신의 구리 머그를 판매하기가 힘들다며 하소연했다. 그중 누군가 마틴의 러시아 스피릿, 진저 비어, 약간의 라임 주스를 구리 머그에 담아 판매하는 놀라운 생각을 하였고, 이렇게 모스코뮬이 탄생하였다.

이후 이 세 사람은 힘을 합쳐 모스코 뮬을 알리기 위해 열심히 노력하였다. 사실 이들이 말하는 모스코 뮬은 벅Buck의 일종이다. 벅은 스피릿에 진저 에일 또는 진저 비어, 그리고 시트러스를 이용해서 만드는 칵테일이다. 그리고 보드카만이 벅을 만들 수 있는 것도 아니다. 아메리칸 위스키로 만들면 위스키 벅Whiskey Buck이 되고, 스카치 위스키로 만들면 마미 테일러Mamie Taylor가 된다. 그리고 화이트 럼으로 만든다면 '상하이 벅Shanghai Buck'이 된다. 왜 쿠바산 화이트 럼을 사용하였는데 상하이 벅이라고 부를까? 세계를 여행한 찰스 H. 베이커가 1939년 저술한 *The Gentleman's Companion*에서 상하이는 '일본과의 문제가 생기기 전까지 세계 어느 도시보다 더 많은 바카디를 소비하였다'고 적었다.

상하이 벅과 모스코뮬의 유사성 때문에 칵테일 역사의 연대기에서 상하이 벅은 잠시 잊혀졌었지만, 모스코뮬과의 차이로 인해 다시 궁극적으로 현대 칵테일 애호가들의 선택을 받고 있다. 이제는 1960년 쿠바를 떠나 복합적이지 않고 지나치게 부드러움을 강조한 카르타 블랑카 화이트 럼을 만들어 온 바카디 외에도, 진하고 복합적인 풍미를 가진 화이트 럼을 전세계 바의 진열장에서 만날 수 있다. 아마도 지금이 상하이 벅을 다시 전세계로 불러들일 시간일지 모른다.

재료
화이트 럼 60*ml*
라임 주스 15*ml*
진저 비어 120*ml*
가니시 : 라임 휠이나 조각

만드는 법
럼과 라임 주스를 콜린스 글라스에 따르고 진저 비어를 천천히 넣어 준다. 얼음을 채우고 가니시는 라임으로 마무리한다.

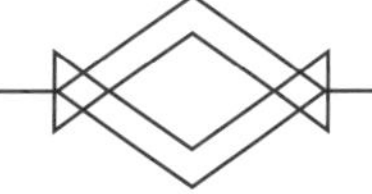

SHERRY COBBLER

셰리 코블러, 스페인 헤레즈

지금의 술꾼들은 상상하기 힘들겠지만, 얼음은 한때 부의 상징이었고, 그래서 처음부터 칵테일에 사용되지 않았던 시기가 존재한다. 하지만 보스니아 기업가 프레드릭 튜더Frederic Tudor가 얼음을 대중화하기로 마음먹고 노력하여, 냉장고나 냉동고보다 1세기나 앞서 그것이 현실이 되었다.

1805년에 그는 미국 동부의 뉴잉글랜드 지역 호수의 얼음을 열대지방으로 가지고 가서 판매하려는 계획을 세웠다. 그의 이런 시도는 얼음을 싣고 갈 화물선을 수배하지 못하는 장애에 부딪혔으나, 다행히 자신의 배를 구입할 수 있었고, 얼음을 캐러비안의 마르티니크까지 가지고 갔다. 하지만 그곳에는 얼음을 보관할 수 있는 창고가 없었고, 얼음이 녹으면서 동시에 그의 꿈과 희망도 사라져 버렸다. 그 뒤로 수십 년간 튜더의 지속적인 노력으로 전세계에 아이스 하우스가 설립되었다. 나다니엘 와이어스Nathaniel Wyeth가 발명한 얼음 절단기 덕분에 사람들이 쉽게 얼음을 구매하면서 튜더는 부자가 되었다.

당연하게도 이렇게 공급된 얼음은 당시 최고의 인기를 누리던 스페인 헤레즈에서 생산되는 주정 강화 와인인 셰리를 차갑게 하여 더욱 맛있게 만드는 데 사용되었다. 1838년 즈음, 사람들은 셰리 와인에 얼음과 조금의 설탕을 넣고 가니시로 신선한 과일을 넣어 즐겼다. 이렇게 '셰리 코블러Sherry Cobbler'가 탄생했으며 곧 유명세를 타게 되었다. 1843년 찰스 디킨스가 미국 방문 중 셰리 코블러에 반하여 자신의 작품 *Martin Chuzzlewit*에 등장시킬 정도였다. 책에 등장한 이 칵테일은 19세기 초반의 음료 문화를 이해하는 데 큰 도움을 주었고, 빨대의 중요성을 일깨웠다. 음료 역사학자인 데이비드 원드리치의 *Imbibe!*에 의하면, 19세기에는 치과 의사들이 가능한 얼음이 직접 치아에 닿지 않도록 지시하였다고 한다. 하지만 디킨스의 작품에 나오는 비운의 주인공인 마틴Martin은 음료용 빨대를 본 적도 없었고, 셰리 코블러를 그냥 마시라고 하니 깜짝 놀랐다. 다행히 마틴은 처음 보는 음료를 손에 들고 벌컥벌컥 마셨고 여기에서 황홀경을 느꼈다고 한다. 당신이 이 칵테일을 마신다면 그와 비슷한 경험을 느낄 수 있다고 자신한다.

재료

피노, 만자니아, 아몬틸라도, 팔로 코르타도 또는 올로로소 셰리 와인 90*ml*

시럽 15*ml*

가니시 : 오렌지 휠과 제철 과일은 선택 사항

만드는 법

모든 재료를 칵테일 셰이커에 넣는다. 얼음과 함께 충분히 흔들어 준다. 올드 패션드 글라스나 콜린스 글라스에 따라주고 크러시드 아이스로 채운다. 가니시로 오렌지 휠과 다른 제철 과일을 올리고 빨대를 꽂고 마무리한다.

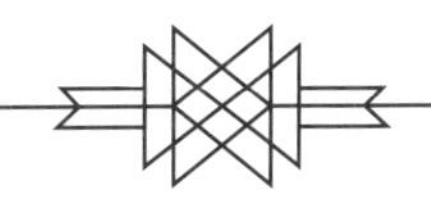

SIDECAR

사이드카, 프랑스 코냑

브랜디의 왕인 코냑은 사실 여러 역사적인 사건 덕분에 만들어졌다. 16세기 후반, 네덜란드 상인들은 프랑스 남부 샤랑테 지방의 소금과 후추 그리고 와인을 영국과 네덜란드 그리고 스칸디나비아 반도까지 배로 실어 가져가 판매하였다. 하지만 보관이 어려운 화이트 와인은 오랜 항해를 견뎌 내지 못하였고, 그래서 네덜란드 상인들은 이 와인을 증류하여 훗날 브랜디로 불리는 브랑트뱅Brantwijn을 만들었다. 샤랑트 지방의 사람들은 증류를 두 번 하면 품질 좋은 브랑트뱅을 얻을 수 있고, 오크 캐스크에 숙성을 하면 맛이 더욱 좋아진다는 것을 알아냈으며, 증류에 더 적합한 포도 품종을 발견해 내었다. 이렇게 샤랑트 지방의 코냑 마을 주변 지역은 브랜디로 세계적인 유명한 곳이 되었다. 코냑은 그들의 사촌과 같은 아르마냑보다 더욱 선호되며 세계적 명성을 얻었다.

코냑 칵테일 중 가장 유명한 '사이드카Sidecar'는 그 유래가 다양하다. 데이비드 A. 엠버리David A. Embury는 1948년에 쓴 자신의 책 *The Fine Art of Mixing Drinks*에서 '1차 세계대전 중 파리의 바에서 나의 친구에 의해서 만들어졌다. 칵테일의 이름은 나의 친구를 그 작은 식당까지 데리고 온 오토바이에 달린 사이드카에서 가지고 왔다'라고 이야기한다. 하지만 1923년 해리 맥켈혼의 *ABC ofMixing Cocktails*에서는 런던 벅스 클럽의 헤드 바텐더인 패트릭 맥게리Patrick MacGarry가 사이드카를 만들었다고 한다. 또 로버트 베르메르Robert Vermeire는 자신의 1922년 책 *Cocktails: How to Mix Them*에서 '프랑스에서 매우 유명한 칵테일로, 맥게리에 의해서 런던에 소개되었다'라고 적어 놓았다.

그렇다면 레시피는 어떠할까? 일단 사용하는 재료는 코냑과 트리플 섹 또는 큐라소, 그리고 레몬 주스로 동일하다. 다만 칵테일의 기본이 되는 3가지 재료의 균형을 이루는 것이 가장 어려운 만큼 비율이 다양하고 해석도 분분하다. 그 어떤 칵테일보다도 사이드카는 재료의 비율에 더욱 세심한 주의가 필요하다. 여기 소개한 레시피를 참고하면서 자신만의 칵테일 세계를 탐구하기 바란다.

재료

코냑 45*ml*
트리플 섹 또는 큐라소 22*ml*
레몬 주스 22*ml*
가니시 : 오렌지 껍질

만드는 법

모든 재료를 칵테일 셰이커에 넣는다. 얼음을 넣고 충분히 흔들어 준다. 원한다면 쿠페 글라스 테두리에 설탕을 묻힌 차가운 쿠페 글라스에 더블 스트레이닝한다. 가니시는 오렌지 껍질로 마무리한다.

바텐더의 조언 뉴욕의 바텐더 조아퀸 시모는 자신의 사이드카에 데메라라 시럽을 넣는다. 만약 여러분의 사이드카가 평범하고 가볍다고 생각되면, 당분을 추가하는 것도 괜찮은 방법이다.

SINGAPORE SLING

싱가포르 슬링, 싱가포르

그 어떤 바텐더에게 물어봐도 '싱가포르 슬링Singapore Sling'의 탄생에 대해선 똑같은 이야기를 들려줄 것이다. 1915년 싱가포르 레플스 호텔의 롱 바에서 니암 통 분Ngiam Tong Boon에 의해서 만들어졌다. 다른 의견이 있다면, 사용한 재료에 관한 것이다. 진 슬링에서 파생하여 확실히 진을 사용하지만, 붉은색을 내기 위해 체리 리큐어, 그레나딘 시럽, 앙고스투라 비터 또는 레드 와인을 띄우기까지 다양한 재료를 사용하므로 논쟁의 여지가 있다.

싱가포르 국립도서관의 잘 정리된 기록과 칵테일 역사학자인 데이비드 원드리치의 노고 덕분에 우리는 이 유명한 칵테일에 대해서 확실히 알 수 있게 되었다. 1890년대에는 음료에 대한 언급이 다양하게 쏟아져 나왔는데, 그중에서 싱가포르를 지배했던 영국인들은 확실히 진 슬링을 많이 마셨던 것으로 보인다. 1903년, '핑크 슬링'이 호주 출신 드라이버 에이브람스Abrams의 송별 파티에서 선보였다는 기록이 있다. 그로부터 10년이 지난 1913년, 싱가포르 크리켓 클럽에서 진 슬링처럼 통속적인 음료가 판매되는 데 대한 논란이 싱가포르의 신문지상에 도배되었다. 『더 위클리 선즈*The Weekly Suns*』는 당시 그 클럽의 회원 2명으로부터 체리 브랜디, 베네딕틴 D.O.M., 진, 라임, 물 그리고 조금의 비터를 얼음과 함께 혼합하면 매우 좋은 슬링이 나온다는 기발한 해결책을 보도하였다.

그렇다면 니암 통 분과 레플즈 호텔이 만든 파인애플 주스가 들어가는 '공식적인' 싱가포르 슬링은 어떻게 되는 것인가? 싱가포르 슬링이 그곳에서 만들어졌든 아니든 싱가포르 슬링은 레플즈 호텔과는 매우 밀접한 관계이다. 찰스 H. 베이커는 1926년 이곳에서 슬링을 맛보고 그에 대해 매우 열정적으로 썼다. 1970년대, 레플즈 호텔이 새롭게 단장하고 다시 열었을 때, 파인애플 주스를 사용하는 트로피컬 칵테일은 매우 많아졌다. 레플즈 호텔에서 전해져 내려오는 레시피는 오렌지 리큐어인 트리플 섹을 포함하여 파인애플 주스에 중점을 두고 있다. 하지만 여기서 소개하는 레시피는 1913년 크리켓 클럽에서 만들어진 평범한 버전이다.

재료

진 45*ml*
라임 주스 30*ml*
체리 브랜디 22*ml*
베네딕틴 D.O.M. 22*ml*
아로마틱 비터 2dashes
탄산수 60*ml*
가니시 : 라임 껍질과 브랜디로 절인 체리

만드는 법

탄산수를 제외한 모든 재료를 칵테일 셰이커에 넣는다. 얼음을 넣고 잘 흔들어 준다. 콜린스 글라스에 더블 스트레이닝한다. 탄산수를 천천히 붓고 얼음을 넣어 준다. 가니시는 라임 껍질과 체리를 올려서 마무리한다.

SOVIET CHAMPAGNE PUNCH

소비에트 샴페인 펀치, 러시아 모스크바

볼셰비키 혁명과 차르 니콜라스 2세가 처형된 이후에 러시아의 외교에 대한 방향이 근본적으로 변화되었다. 제일 먼저 수도 이전이 이루어졌다. 유럽을 동경하여 유럽에 편입되기 위해 건설했던 상트페테부르크에서 동쪽의 옛 수도인 모스크바로 되돌아갔다. 또한 새로운 이데올로기의 시대가 열리게 되었다. 이제 러시아 공산주의 대 서구 자본주의의 대립이 시작되었다. 러시아 공산주의자들은 빈곤과 노동으로부터의 해방을 약속하였고, 1935년 즈음에는 이 말이 현실화되는 것으로 보였다. 요세프 스탈린의 강력한 산업화 정책(반대자들의 정치적 숙청 병행)에 힘입어 모스크바에는 지하철이 개장하고, 식료품점은 호화로운 식재료가 넘칠 정도로 가득 찼다. 그리고 이 정점에는 샴페인이 있었다. 이전에 자본가들과 계급주의자들이 마셨던 음료를 대량으로 구매하며 합리적인 가격으로 마시게 되었다.

'샴페인Champagne'은 1934년 모스크바 시장에 처음 등장하였다. 물론 자본주의 프랑스에서 수입한 진짜 샴페인은 아니었다. 안톤 프롤로프-바그레예프Anton Frolov-Bagreyev의 발명품으로, 소비에츠케 샴푸안스케Sovetskoye Shampanskoye; 소비에트 샴페인이라고 불렸다. 화학을 전공한 안톤은 1905년 혁명에 실패한 이후 시베리아로 추방되었지만, 다행히 10여 년 뒤 볼셰비키 혁명이 성공하였고, 그는 곧 국영 와이너리인 아브라우-듀르소Abrau-Dyurso의 수석 포도주 양조학자가 되었다. 1934년 그는 드디어 전통적으로 병에서 탄산을 만드는 것이 아니라 커다란 탱크에서 2차 발효를 통해서 대량으로 와인에 탄산을 만드는 법을 발견했다. 예전처럼 소량씩 생산하는 수작업 노동이 줄어들고, 오크 조각을 넣어 숙성을 촉진하여 만든 샴페인과 유사한 이 와인을 소비에트 정부는 대량으로 싸게 공급할 수 있게 되었다.

이제 소비에트 연방은 더 이상 존재하지 않고, 소비에츠케 샴푸안스케는 여전히 러시아에 남아 있지만, 이 이름은 더 이상 같이 사용되지는 않는다. 그리고 이 펀치를 즐기기 위해서 소비에츠케 샴푸안스케가 필요하지도 않다. 드라이한 스파클링 와인이면 충분하다.

재료 – 6잔 분량

드라이 스파클링 와인 300*ml*
드라이 화이트 와인 300*ml*
달콤한 화이트 모스카토 와인 150*ml*
베네딕틴 75*ml*
코냑이나 다른 브랜디 75*ml*
가니시 : 통조림 과일

만드는 법

모든 와인들은 차갑게 해 놓아야 한다. 모든 재료를 다 같이 펀치 그릇에 넣는다. 큰 얼음 덩어리를 넣어서 온도를 유지할 수 있도록 한다. 가니시로 과일 통조림을 펀치와 글라스에 넣고 마신다.

SPRITZ VENEZIANO

스프릿츠 베네치아노, 이탈리아 베니스

와인으로 만들어 탄산과 오렌지의 붉은색을 가진 이 칵테일의 유래가 군대와 연관되었다고 상상할 수 있는 사람은 많지 않을 것이다. 1814년 나폴레옹이 처음 패배하여 엘바 섬으로 유배된 뒤, 유럽 열강들은 파리에서 만나 유럽 국경선을 다시 그었다. 이 조약의 일환으로 오스트리아의 합스부르크 왕가는 베네치아 공화국에 대한 자신들의 권리를 주장하면서 군대를 파견하여 누가 지배자인지 만천하에 보여 주었다.

구전에 의하면, 베네치아에서 주둔하던 오스트리아 병사들에게 베네치아 화이트 와인은 자신들이 마시던 리슬링이나 그뤼너 벨트리너 와인에 비해서 지나치게 드라이하였다. 그래서 생각해 낸 해결책이 와인에 물을 타서 부드럽게 만드는 것이었다. 오스트리아가 베네치아에 대한 권리를 포기한 지 오래된 19세기 말, 소다 사이폰이 대중화되면서 물을 탄다는 것은 대부분 탄산수를 뜻하였다. 하지만 진정한 혁신은 1920년대 베네치아 바텐더들이 여기에 이탈리아의 아뻬리띠모 비터스aperitivo bitters; 이탈리아의 쓰고 달콤한 비터를 혼합하면서 시작되었다.

정확히 어떤 비터가 처음부터 사용되었는지는 여전히 논쟁거리로 남아 있지만, 오늘날 우리가 알고 있는 것처럼, 스프릿츠에 사용되는 아뻬리띠모 비터스 중 어떤 제품이 가장 인기를 끌었는지는 매우 분명하다. 아페롤은 베니스에서 멀지 않은 파도바에서 1919년 만들어졌다. 아페롤로 만든 스프릿츠는 특유의 탄산과 함께 쓰고 달콤한 맛을 넘어서 더 감칠맛 나는 복합적인 풍미를 선사한다. 다른 아뻬리띠모 비터스로 만든 스프릿츠 또한 각자의 개성을 가지고 있다. 캄파리 스프릿츠는 조금 더 거칠고, 씨너 스프릿츠는 스모키하고 무거우며, 셀렉트 스프릿츠는 가볍고 세련되었다. 1990년대 기존의 스프릿츠와 다르게 일반 와인 대신 스파클링 프로세코Prosecco; 이탈리아 스파클링 와인를 사용하며 탄산을 더 주었고, 얼음을 넣어서 더욱 차갑게 즐기게 되었다. 무더운 여름날 베네치아 해변에서 '스프릿츠 베네치아노Spritz Veneziano' 한 잔을 마시면 천국이 따로 없다. 친친!Cin cin; 건배!

재료

아뻬리띠모 비터스(아페롤, 셀렉트, 캄파리에서 선택) 60*ml*
프로세코 혹은 또는 드라이 스파클링 와인 90*ml*
탄산수 30*ml*
가니시 : 오렌지 조각과 그린 올리브

만드는 법

모든 재료를 올드 패션드 글라스나 와인 글라스에 넣는다. 얼음을 조심이 넣는다. 오렌지 조각을 넣고 이쑤시개로 꽂은 올리브를 올린다.

바텐더의 조언 만약 여러분이 모험심이 들거나 과거의 풍미를 느끼고 싶으면, 프로세코 대신 베네치아 와인인 피노 그리지오나 소아베를 사용하면 된다.

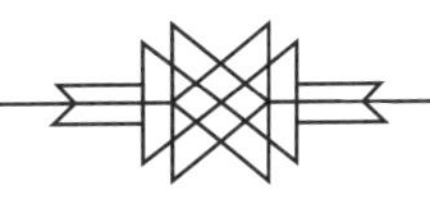

STONE CRUSH

스톤 크러시, 아이슬란드 레이캬비크

세계적으로 금주법은 사실 의도하지 않은 결과를 가져 온 역사적 교훈을 주는 사건 중 하나이다. 미국 금주법은 약용을 목적으로 만든 알코올 제품만 허용하였는데, 이 허점을 틈타 주류 밀매업자들이 약용으로 유통되던 70~80도의 자메이카 진저를 더 맛있게 만들기 위해 신경독소 같은 불순물을 첨가하여 이것을 마신 사람들이 마비를 일으키기도 하였다.

아이슬란드의 스피릿인 브렌빈Brennivín은 감자를 원료로 하여 캐러웨이의 풍미를 추가한 술이다. 이 술은 금주법 시대 덕분에 친근한 애칭을 가지고 있다. 1935년 금주법이 철폐된 이후에도 스피릿의 소비를 줄이기 위해 국영 독점 주류회사는 브렌빈에 흰색 해골이 그려진 검은 라벨을 부착했고, 아이슬란드인들은 이것을 '스바티더디svartidauði' 또는 '블랙 데쓰Black Death'라고 부르기 시작했다. 눈에 띄게 미니멀리스트한 검은 라벨과 초록색 병이 결합된 '죽음'이라는 별명은 아이슬란드가 아니면 찾아볼 수 없고, 아이슬란드인들도 이 제품에 대해 모호한 경향이 있지만, 세계적으로 브렌빈은 숭배의 대상이 되었다. 영화감독 쿠엔틴 타란티노Quentin Tarantino와 음악가 데이브 그롤Dave Grohl이 이 스피릿의 광팬으로 알려져 있다. 『킬빌 2편Kill Bill : Vol. 2』에는 악당 버드가 브렌빈을 마시는 장면이 나오고, 푸파이터스Foo Fighters's의 앨범 『스킨 앤 본즈Skin and Bones』에서는 가사에 카메오로 등장한다. 이러한 광신도들 덕분에 이제 브렌빈은 아이슬란드 밖에서도 점차 그 모습을 찾을 수 있다.

'스톤 크러시Stone Crush'는 뉴욕 출신 바텐더 차임 다우어맨Chaim Dauermann에 의해 만들어졌는데, 브렌빈 한 잔을 마시고 입가심으로 슈티글 맥주를 마시는 데서 창안했다고 전해진다. 당시엔 브렌빈을 정식으로 수입하지 않고 외국에서 직접 사 와 불법으로 판매하고 있었다. 차임과 함께 업앤업 바에서 일하는 친구가 브렌빈을 SNS에 해시태그와 함께 올렸고, 미국 수입 허가권을 가진 회사가 이를 보고 미국 수입을 결정하게 되었다. 이제 합법적으로 판매되는 브렌빈을 이용하여, 업앤업에서는 버무스와 루바브 아마로로 맛을 더해 활기를 주는 퇴근 후의 한 잔으로 환상적인 스톤 크러시를 판매하고 있다.

재료

오이 휠 3~4개
브렌빈 45*ml*
블랑/비안코 버무스 15*ml*
라바바로 주카 아마로 7*ml*
필스너 맥주 30*ml*
가니시 : 레몬 껍질과 오이 휠

만드는 법

오이를 칵테일 셰이커에 넣고 짓이긴 뒤 맥주를 제외한 다른 재료를 넣는다. 얼음을 넣고 충분히 흔들어 준다. 올드 패션드 글라스에 더블 스트레이닝을 한다. 맥주를 천천히 붓고 얼음을 넣어 준다. 레몬 껍질의 유분을 분사하고 가니시로 오이를 올려서 마무리한다.

SUFFERING BASTARD

서퍼링 배스터드, 이집트 카이로

이 칵테일은 해장술로 만들어진, 기운을 북돋우는 픽미업 스타일이며, 전시에 전투 지역에서 제한된 재료를 가지고 만들어진 칵테일이기도 하다. 이런 점에서 이집트 카이로의 셰퍼드 호텔의 바텐더 조 샬롬Joe Scialom은 충분히 칭찬 받을 만하다. 그가 만든 숙취 해소 치료제가 독일 롬멜의 부대를 무찌르는 데 매우 큰 공헌을 하였는데, 그것은 정말 식은 죽 먹기였다.

2차 세계대전이 한창이었던 1942년 말 카이로는 매우 황폐하였다. 독일의 맹장 롬멜은 연합군의 보급로를 차단하기 위해서 카이로로 천천히 진군하고 있었다. 그 당시 좋은 술들은 당연히 희귀하였고, 엘 알라마인 근처에서 롬멜의 부대를 물리치려는 영국군에게는 떠나기 전에 한 잔의 술이 필요하였다. 이런 엄중한 상황에서 카이로에서 일하던 이탈리아 출신 유대인 바텐더 샬롬은 영국군의 숙취 치료가 절실히 필요했다. 그렇게 만든 술은 샬롬 자신뿐만 아니라 영국군들에게도 매우 잘 들었다. 이렇게 '서퍼링 배스터드Suffering Bastard'가 탄생하였다.

티키 역사가 제프 '비치범' 베리에 의하면, 이 칵테일은 실제로 엘 알라마인 전투에서 적지 않은 역할을 하였다고 한다. 독일 나치군이 북아프리카로의 진입하는 것을 막기 위한 이 전투는 매우 중요하였다. 샬롬은 실제로 전방 부대로부터 '30리터 정도의 서퍼링 배스터드를 보내 줄 수 있는가? 모두 숙취로 고생하고 있다'라는 전보를 받았고, 그는 찾을 수 있는 모든 용기에 칵테일을 채워서 택시를 타고 전장으로 향했다. 이 칵테일이 없었다면, 아마 롬멜은 셰퍼드 호텔의 샴페인을 마시고 있을 뻔했지만, 다행스럽게도 샬롬과 우리 모두에게는 그렇지 않았다.

이 레시피는 원래의 레시피에서 조금 변형된 것이며, 여러분이 가지고 있는 스피릿은 1942년 카이로에서 사용한 것보다 무조건 좋은 스피릿임에 틀림없다.

재료

진 30*ml*
브랜디 또는 버번 위스키 30*ml*
라임 주스 코디얼 15*ml*
아로마 비터 2dashes
진저 비어 120*ml*
가니시 : 오렌지 휠, 민트 줄기

만드는 법

진저 비어를 제외한 모든 재료를 칵테일 셰이커에 넣는다. 얼음을 넣고 잘 흔들어 준다. 올드 패션드 글라스나 콜린스 글라스에 더블 스트레이닝한다. 진저 비어를 넣고 얼음을 채운다. 가니시는 오렌지 휠과 민트 줄기로 마무리한다.

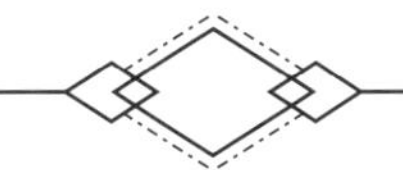

TOKAJI SMASH

토카이 스매시, 헝가리 토카이

프랑스 루이 15세가 자신의 연인인 마담 퐁파두르에게 토카이 아수Tokaji aszú ; 지금은 Tokay를 권하면서 '비눔 레굼, 렉스 비노룸vinum regum, rex vinorum ; 와인의 왕이자 왕의 와인'이라고 언명하였다. 왕이 연인의 호감을 사기 위해서 그랬을 수도 있지만, 이 말이 그리 틀린 말은 아니다. 토카이 아수는 세계 제일의 고급 와인 가운데 하나라고 분명히 말할 수 있다. 헝가리의 토카이 지방은 포도원마다 품질에 따라 등급을 나눈 최초의 지역이자, 당도가 가장 높은 귀부 포도로 와인을 생산한 최초의 지역이기도 하다. 토카이 아수는 프랑스 왕실뿐만 아니라 표트르 1세, 요제프 1세 등을 비롯한 황제와 많은 교황들이 선호하는 와인이었다. 교황들은 토카이 아수 중에서도 가장 귀하고 값비싼 와인을 '에센치아eszencia; Essence; 精髓'라고 칭하며, 임종을 맞이할 때 마셨다고 전해진다.

풍미가 진한 토카이 아수 와인의 비밀은 바로 '보트리티스 시네리아Botrytis cinerea'에 있다. 보트리티스 시네리아는 이 지역의 기후에서 자라는 회색 곰팡이로, 자연스럽게 포도 껍질에서 자란다. 이 곰팡이는 자라면서 물을 빨아들이기 위해서 포도의 껍질을 뚫고 들어가 천천히 포도의 수분을 건조시킨다. 이 과정으로 포도 과즙의 당도와 산도가 올라간다. 이런 과정으로 자란 포도를 '아수' 라고 하며, 아수 포도는 손으로 일일이 수확하여 짓눌러서 포도즙을 만든다. 곰팡이가 자라지 않은 포도로 기본 와인을 만든다. 그리고 아수 포도즙과 기본 와인을 혼합한다. 아수 포도즙이 많이 들어갈수록 와인은 더 달콤해지고 향긋해지지만, 불행히도 더욱 비싸진다.

안타까운 일이지만, 토카이 지방도 필록세라를 피해 가지는 못하였고, 그 이후 두 번의 세계대전을 겪었다. 설상가상으로 이후에는 공산주의 치하에서는 놀랄 만한 와인을 만들어 내지 못했지만, 다행히 1990년대 다시금 세상에 나타난다. 이제는 어느 정도 합리적인 가격의 몇몇 와인이 세계의 시장에서 판매되고 있으며, 생산되는 와인이 늘어나면서 칵테일 재료로도 주목을 받고 있다. 이 레시피는 런던의 레스토랑이며 칵테일 바인 혹스무어스 세븐 다이얼스의 리암 다비Liam Davy가 클래식 스매시를 응용하여 만든 것이다.

재료

레몬 한 조각, 파인애플 과육 2조각
토카이 아수 또는 레이트-하비스트 토카이 70*ml*
살구 리큐어 15*ml*
레몬 주스 15*ml*
가니시 : 파인애플 조각과 민트 줄기

만드는 법

파인애플과 레몬을 칵테일 셰이커에 넣고 으깨 준 뒤 나머지 재료를 넣는다. 얼음을 넣고 충분히 흔들어 준다. 콜린스 글라스에 더블 스트레이닝한다. 크러시드 아이스를 채워 주고, 가니시는 파인애플 조각과 민트 줄기로 마무리한다.

TORONTO

토론토, 캐나다 토론토

미국의 세무 변호사이자 아마추어 믹솔로지스트인 데이비드 A. 엠버리David A. Embury는 1805년에 출간된 자신의 책 *The Fine Art of Mixing Drinks*를 통해 칵테일에 대한 지식과 의견을 거리낌 없이 표출하며, 음료에 대해 매우 재치 있고 신랄하게 비평하고 있다. 캐네디언 위스키를 예로 들면 '한마디로 이야기하자면, 순전히 내 생각이지만, 별로다'라고 말이다. 비록 엠버리는 캐네디언 위스키를 좋아하지 않지만 그의 책에는 캐네디언 위스키를 사용해서 만드는 몇몇 칵테일이 소개되어 있다. 그중 가장 흥미로운 것은 '토론토Toronto' 칵테일이다. 이 칵테일은 근본적으로 캐네디언 위스키로 만든 올드 패션드에 이탈리아 사람들이 끔찍이 사랑하는 퍼넷 블랑카를 약간 추가한 것이다. 좋은 음료인 것은 확실하지만, 도대체 지구상에서 캐나다의 도시가 왜 여기에서 나오는 것일까? 토론토 칵테일이 *The Fine Art of Mixing Drinks*에 처음 나타났다는 사실에서 시작하여, 캐나다인 바텐더 숀 술Shawn Soole와 솔로몬 시걸Solomon Siegle이 로버트 베르메르Robert Vermeire가 1922년에 집필한 *Cocktails: How to Mix Them*에서 '퍼넷 칵테일' 레시피가 발견되면서 의혹이 풀렸다. 근본적으로 올드 패션드 칵테일은 코냑이나 라이 위스키에 퍼넷 블랑카를 섞은 레시피이며, '캐네디언 위스키로 만든이 칵테일은 캐나다 토론토 사람들이 높게 평가한다'라고 간단히 언급하고 있다.

이 퍼넷 칵테일은 분명 토론토 칵테일의 선조로 보인다. 그렇다면 왜 코냑이나 라이 위스키가 아닌 캐네디언 위스키가 사용되는 것일까? 우선 미국 금주법으로 인해 14년간 아메리칸 위스키가 생산되지 않았고, 1933년 금주법 해제 이후 아메리칸 위스키는 공급이 부족했고, 캐네디언 위스키는 미국으로 수출을 시작했다. 미국 소비자들은 저숙성의 거친 아메리칸 위스키보다 캐네디언 위스키를 선호했고, 미국 시장에서 큰 인기를 끌게 되었다. 이때부터 캐나다의 위스키 산업이 완전히 변화했고, 지금은 알버타 프리미엄과 같은 100% 호밀로 만든 고급 위스키도 많이 생산하고 있다. 여러분도 토론토 칵테일을 만들면서 고급 캐네디언 위스키도 한 번 경험해 보는 것이 좋다.

재료

고품질 캐네디언 위스키 60*ml*
퍼넷 블랑카 7*ml*
시럽 7*ml*
가니시 : 오렌지 껍질

만드는 법

모든 재료를 믹싱 글라스에 넣는다. 얼음을 넣고 충분히 젓는다. 차가운 쿠페 글라스에 따라 준다. 가니시는 오렌지 껍질로 마무리한다.

바텐더의 조언 오리지널 토론토 칵테일을 만들려면 100% 호밀로 만든 캐네디언 위스키를 찾아야 한다.

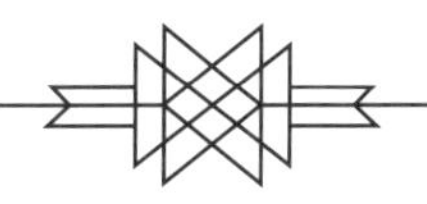

TRIDENT

트라이던트, 노르웨이 트론헤임

만약 여러분의 술 진열장에 있는 술병의 탄소 발자국(이산화탄소 배출량)을 걱정한다면, 이 세계를 여행하는 린냐케비트linjeakevitt와는 상관이 없다. 노르웨이의 특산품인 이 술은 1805년 우연히 세상에 태어났다. 트론얌스 프로보Trondhjems Prøve가 이끄는 상단이 노르웨이 트론하임에서 인도네시아 바타비아(지금의 자카르타)까지 건어물, 햄, 치즈와 노르웨이 아쿠아비트 5통을 가지고 떠났다. 노르웨이 아쿠아비트는 캐러웨이의 풍미를 가진 스칸디나비아 술로, 진과 매우 비슷하다. 바타비아에 도착했을 때 식품들은 바타비아의 네덜란드인들에게 매우 인기가 좋아 빠르게 품절되었지만 아쿠아비트는 손조차 대지 않았다. 왜냐하면 현지에서 품질 좋고 저렴한 바타비아 아락(145p 참조)을 쉽게 구할 수 있었기 때문에 값비싼 수입품인 아쿠아비트에 눈길조차 주기 않았다.

트론얌스 프로보의 상단은 어쩔 수 없이 아쿠아비트를 다시 가지고 돌아올 수밖에 없었다. 1807년 12월에 이 아쿠아비트를 열어서 마셔 보니 맛이 매우 좋았는데, 이는 운반 과정에서 극심한 열과 냉기를 접하면서 술의 풍미가 바뀌었기 때문이었다. 이를 시작으로 많은 아쿠아비트 회사들은 의도적으로 자신들의 스피릿을 셰리 오크통에 담아 호주로 보냈다가 다시 가지고 왔으며, 적도선인 린냐에서 그 이름을 빌려 린냐케비트를 만들기 시작하였다.

'트라이던트Trident' 칵테일은 시애틀 출신의 칵테일 전도사 로버트 헤스Robert Hess가 네그로니(110p 참조)를 변형하여 만든 것이다. 헤스는 진 대신 노르웨이산 린냐케비트로 대체하였고, 동시에 캄파리 대신 잘 알려지지 않은 아티초크로 만든 이탈리아산 아로마인 세나를, 버무스 대신에 산화 숙성시킨 셰리를 사용한다. 그리고 여기에 몇 방울의 복숭아 비터를 넣어서 특이하고 이질적인 풍미에 균형을 준다. 이렇게 만든 칵테일은 한때 바다를 지배했던 해양 강국인 노르웨이, 스페인 그리고 이탈리아를 따서 '트라이던트'라고 지었고, 이는 모던 칵테일 클래식이 되었다.

재료

린냐케비트(리솜 리니아) 30*ml*
아몬틸라도 또는 팔로 코르타도 또는 올로로소 셰리 30*ml*
세나 30*ml*
복숭아 비터 2dashes
가니시 : 레몬 껍질

만드는 법

모든 재료를 믹싱 글라스에 넣는다. 얼음을 넣고 충분히 젓는다. 차가운 쿠페 글라스에 따르고, 가니시는 레몬 껍질로 마무리한다.

바텐더의 조언 현재 생산되고 있는 린냐케비트는 레이튼 리니아와 리솜 리니아 2가지 브랜드밖에 없다. 해외에서 리솜 리니아를 좀 더 쉽게 찾을 수 있다.

TURKISH DELIGHT

터키시 딜라이트, 라트비아 리가

라트비아는 발트해 국가 중에서도 특히 발트해 연안의 특징을 가장 잘 지니고 있다. 에스토니아는 북쪽의 핀란드만 국가들과 친하며, 리투아니아는 폴란드와의 복잡한 관계를 이어 나가고 있다. 하지만 라트비아는 영향력 있는 자신들만의 문화에 집중하고 있다. 특히나 라트비아가 문화적인 면에서 따라 하지 않는 국가는 러시아이다. 러시아는 2차 세계대전의 여파로 발트해 3개국에 진군하여 1991년까지 이 지역을 통치하였다. 그럼에도 불구하고 라트비아의 가장 유명한 술은 러시아의 황제 예카테리나 2세에서 영감을 받은 리가 블랙 발삼Riga Black Balsam이다.

1752년, 리가에 베일에 가려진 에이브라함 쿤체Abraham Kunze라는 화학자가 있었다. 그는 17가지 약초를 스피릿에 침출하여 신비의 영약靈藥을 만들었고, 이를 특이한 점토 병에 담아 약으로 팔았다. 라트비아의 기록에 의하면, 쿤체의 영약은 예카테리나 2세가 리가를 지날 당시 그녀의 복통을 진정시키면서 명성을 얻었다고 한다. 쿤체의 영약은 라트비아인들의 치료용 약물로 인기를 얻었고, 그의 레시피를 대량으로 생산한 제품인 리가 블랙 발삼이 나오기 시작한 것은 1843년이다. 2차 세계대전 직후 잠시 생산을 멈춘 것 말고는 지금까지 계속 이어지고 있다.

리가 블랙 발삼은 라트비아 음료의 상징이며, 전통적으로 커피나 블랙 커런트 주스와 함께 마셨다. 알코올 45도와 약초의 쓴맛이 매우 강한데 이는 외부인이나 관광객들에게 매우 큰 인상을 주었다. '터키시 딜라이트Turkish Delight'는 리가의 Bar XIII에서 만든 칵테일로, 리가 블랙 발삼의 날카로움을 크리미한 초콜릿 참깨 할바halvah ; 중동식 단과자로 부드럽게 만든 매우 좋은 디저트 칵테일이다.

재료

리가 블랙 발삼 30*ml*
초콜릿 참깨 할바 75g
골드 럼 50*ml*
생수 40*ml*
시럽 30*ml*
초콜릿 비터 3dashes
가니시 : 블랙 초콜릿 가루(금가루는 선택 사항)

만드는 법

가니시를 제외한 모든 재료를 블렌더에 넣고 할바가 액체와 잘 섞일 때까지 완전히 갈아 준다. 잘 갈은 액체를 셰이커에 넣고 얼음과 함께 잘 흔들어 준다. 올드 패션드 글라스에 더블 스트레이닝하고 얼음을 채운다. 가니시로는 초콜릿을 갈아서 올려 준다. 식용 금가루를 올려 줘도 좋다.

바텐더의 조언 이 칵테일에서는 리가 블랙 발삼이 가장 핵심이 되는 재료이며, 다른 것으로 만들면 더 이상 터키시 딜라이트가 아니다.

TWENTIETH CENTURY

트웬티스 센추리, 미국 시카고

기차 여행은 오늘날 더 이상 매력적이지 않다. 하지만 20세기 초까지만 하더라도 항공편은 오로지 부유한 사람들의 전유물이었다. 대부분의 사람들은 기차를 타고 도시를 여행하였고, 철도 회사의 고객 유치 경쟁이 치열하였다. 그중에서 매우 수준 높은 서비스를 제공하는 회사가 몇 곳 있었는데 런던과 시카고를 이었던 트웬티스 센추리 사의 노선이 그중 한 곳이었다. 이런 이유가 영국인 바텐더 C.A. 턱C.A. Tuck의 칵테일에 이름을 빌려주게 된 계기가 되었는지도 모른다. 그가 만든 칵테일은 진과 레몬 주스, 아페르티프 와인과 초콜릿 리큐어의 혼합물이다.

'트웬티스 센추리Twentieth Century' 노선은 매우 극진한 서비스로 널리 알려지게 되었다. 레드 카펫 서비스 또한 이 노선에서 손님들이 승하차할 때 레드 카펫을 깔았던 것에서 유래되었다고 한다. 또한 열차에는 이발사, 도우미, 세탁 직원 등이 타고 있어서 여행하는 20여 시간 동안 서비스를 받을 수 있었다. 이후 1938년 허드슨 기관차의 출현으로 여행 시간은 16시간으로 줄어들었지만, 이 기차는 여전히 파티 명소였다. 저녁 식사를 제공한 이후 식당칸의 카페 센추리는 나이트클럽으로 변신했다.

이 칵테일은 기차 노선만큼 그게 성공하지는 못하였다. 최근까지 잊혀졌다가, 테드 '닥터 칵테일' 하이Ted 'Dr. Cocktail' Haigh의 책 *Vintage Spirits and Forgotten Cocktails* 덕분에 다시 알려지기 시작했으며, 이제는 크래프트 칵테일 운동의 한 축을 담당하고 있다. 이 칵테일에 릴렛 블랑 사용 여부와 관련된 작은 논란이 있다. 어떤 사람들은 1930년대 이후 릴렛 블랑의 레시피가 크게 변화했으며, 다른 퀸퀴나 와인이 원래 키나 릴렛 블랑에 더 가깝다고 생각하기도 한다. 물론 릴렛 회사는 레시피가 바뀐 것을 부정하지만, 누구든지 그렇게 말할 것이다.

재료

진 45*ml*
릴렛 또는 화이트 퀸퀴나 22*ml*
레몬 주스 22*ml*
화이트 크림 드 카카오 15*ml*
가니시 : 레몬 껍질

만드는 법

모든 재료를 칵테일 셰이커에 넣는다. 얼음을 넣고 충분히 흔들어 준다. 차가운 쿠페 글라스에 더블 스트레이닝한다. 가니시는 레몬 껍질로 마무리한다.

UNDER THE VOLCANO

언더 더 볼카노, 멕시코 쿠에르나바카

영국인 작가 말콤 라우리Malcolm Lowry의 1947년 소설인 『언더 더 볼카노*Under the Volcano*』는 술이 가져올 수 있는 비극을 가장 암울하게 그려 낸 책이다. 이 책의 줄거리는 상대적으로 간단하다. 1938년 영국인 영사 조프리 퍼민Geoffrey Firmin이 멕시코의 쿠에르나바카Quauhnahuac; Cuernavaca의 소설 속 지역에서 망자의 날 축제를 즐기며서 말 그대로 죽을 때까지 술을 마시는 이야기이다. 그는 전부인 이본과 이복형제 휴와 함께 술을 마시다가 불운을 겪게 되는데 어느 순간 일행을 잃어버리고, 바에서 경찰과 시비가 붙는다. 경찰은 그를 밖으로 끌어낸 뒤 총으로 쏘고 시체를 산에 가져다 버린다.

많은 작가들과 사상가들처럼, 일생 동안 알코올 중독에 가까웠던 라우리는 알코올을 독이면서 약으로 받아들였다. *Under the Volcano*에서 그는 참혹한 비극을 통해 그 통찰력을 보았다. 축제 날 아침, 이본은 남편이 바에서 술을 마시고 있는 것을 보았고, 그는 알코올 중독에 의한 망상을 진정하기 위해 술을 마신다고 주장하였다. 그는 "이 떨림 때문에 살아가기조차 너무 힘들어. 하지만 내가 술을 충분히 마신다면 떨림이 멈추지. 딱 적당한 만큼만 치료용으로 마시는 거야"라고 말이다. 실제로 그를 떨게 만든 그의 머리에 화학적 변화를 주었고, 알코올은 떨림을 멈추어 주었다. 그리고 술만이 그에게 이러한 도움을 주었다. 라우리는 비극적인 결론에 이르는 알코올의 이중성에 대한 통찰력을 발전시켰다. 소설에서 알코올이 제공하는 해결책은 마지막인 죽음이었다.

*Under the Volcano*에서 아가베 스피릿의 중요성을 고려할 때, 영국인 영사는 테킬라 대신 메즈칼을 마시기 시작하면서 자신의 끝이 다가오는 것을 느낀다. 라우리의 책에서 이름과 영감을 얻는 다양한 현대 칵테일이 있다. 이 칵테일에 사용된 메즈칼은 멕시코에서의 인기를 넘어서 이제는 많은 모던 칵테일에 사용되고 있다. 여기에서 소개된 칵테일은 책의 제목을 따서 보스턴 바텐더 케이티 에머슨Katie Emmerson이 만든 것으로, 스모키한 메즈칼(117p 참조)과 셰리 그리고 이탈리안 아마로로 만들어 가볍지만 쓴맛을 가지고 있다.

재료

메즈칼(가능하다면 델 마게이 치치카파) 30*ml*
크림 셰리(가능하다면 루스토 이스트 인디아 솔레라) 30*ml*
아마로 노니노 30*ml*
초콜릿 비터 1dash
오렌지 껍질 1개와 성냥

만드는 법

모든 재료를 믹싱 글라스에 넣고 얼음을 추가하여 충분히 저은 뒤 차게 식힌 올드 패션드 글라스에 넣는다. 성냥불로 불꽃을 일으켜서 태운 오렌지의 유분을 음료에 입혀 준다(45p 참조). 다른 가니시를 하지 않고 마무리한다.

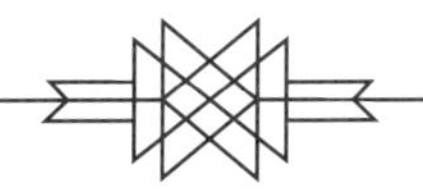

WARD EIGHT

워드 에이트, 미국 보스턴

'말할 수 있다면 쓰지 말고, 끄덕일 수 있다면 말하지 말고, 윙크할 수 있다면 끄덕이지 마라'. 이 말은 19세기 보스턴 정치가의 숨어 있는 실세이자 갱스터인 마틴 마이클 '마하트마' 로매스니Martin Michael 'Mohatma' Lomasney의 지혜가 담겨 있다. 그는 갱스터 리더와 구두닦이를 하면서 현실적인 정치를 배웠으며, 1894년 암살 대상이 될 때까지 지역구를 관리하였고 점등부와 건강 검열관으로도 일하기도 하였다. 전설적인 '워드 에이트Ward Eight'의 유래에 의하면, 1898년 선거가 열리기 전날 밤에, 유능한 정치인인 로매스니는 로크-오베르 카페에서 메사추세츠 주 의회 선거에서의 승리를 미리 기념하면서 지역구의 이름을 가진 자신들만을 위한 특별한 칵테일을 즐겼다.

매우 재미있는 이야기이지만, 보스턴의 역사가인 스테파니 쇼로우Stephanie Schorow는 일반적으로 알려진 사실에서 커다란 문제가 있다고 말한다. 19세기 당시에는 아직 그레나딘이 그 모습을 보이지 않았고, 음료에 대해 가장 오래된 인쇄물에 의하면 20세기 초반에서야 알려지기 시작하였다. 또한 로매스니와 그의 후보들은 1898년 선거에서 승리한 것이 아니라 패배하였으며, 그는 금주자이면서 금주법 지지자였기 때문에 그들이 승리하였다 하더라도 이런 화려한 칵테일로 자축하였다는 이야기를 믿기 어렵다.

그 유래와 상관없이, 워드 에이트 칵테일은 1930년대 금주법이 끝난 이후 매우 선풍적인 인기를 끌었다. 『에스콰이어』지의 작가 프랭크 셰이Frank Shay는 워드 에이트를 1934년 최고의 칵테일 10선 가운데 하나로 선정하였다. 같은 해 『뉴욕 선 신문』의 '*Along the Wine Trail*'의 작가 G. 셀머 포저G. Selmer Fouger는 독자들에게 인기 있는 새로운 음료에 대해서 물어보았고, 400여 통이 넘는 답장을 받았다. 그중 한 편지에서 이 음료를 흥미롭게 바꾼 레시피를 발견하였다. 팔로 코르타도 셰리를 조금 넣어서 견과의 고소한 풍미를 배가시켜 주었다. 여기에 소개된 레시피는 예전 로크-오베르 카페 자리에 있던 이본느 클럽의 레시피로, 음료 역사학자인 데이비드 원드리치의 도움으로 개량되었다.

재료

라이 위스키 45*ml*
팔로 코르타도 셰리 15*ml*
레몬 주스 15*ml*
그레나딘 시럽 15*ml*
오렌지 주스 7*ml*
탄산수 45*ml*

만드는 법

탄산수를 제외한 모든 재료를 칵테일 셰이커에 넣는다. 얼음을 넣고 잘 흔든다. 올드 패션드 글라스나 고블렛에 따르고 얼음과 탄산수를 채운다.

ZUBRÓWKA

즈브로카, 폴란드 비아우이스토크

폴란드와 러시아가 보드카의 원조 자격을 놓고 다투지만, '즈브로카ZUBRÓWKA'가 어디서 왔는지에 대해서는 의심할 여지도 없다. 히로클로 오도라타의 풍미를 우려내거나 또는 비손 잎으로 향을 낸 이 보드카는 폴란드 벨로루시 국경 근처의 비알리스톡에서 처음 만들어졌으며, 피에로기Pierogi ; 폴란드식 만두처럼 확실히 폴란드의 것이다. 즈브로카는 예전에 폴란드 귀족들이 보드카에 비손 잎을 담가 마시던 것에서 영감을 얻어 1928년에 처음 만들어졌다. 비손 잎은 비알로비자 숲의 빈터에서 손으로 수확하여 살짝 말린 다음 보드카에 넣어서 침출하고 각 병마다 잎 하나씩을 넣는다. 이렇게 만들어진 즈브로카는 갓 벤 풀의 신선한 향과 아주 섬세하고 풍미가 진한 바닐라, 아몬드, 재스민, 통카 열매의 맛이 난다.

즈브로카는 2000년대 초반 바텐더들에게 대단한 돌풍을 일으켰다. 보드카지만 매우 독특한 풍미와 개성을 지녀서 칵테일에서도 고유한 맛과 향을 지키고 있다. 단순히 즈브로카와 폴란드의 불투명한 사과 주스 샤를로트카를 섞어 마시는 것이 영국과 호주의 칵테일 문화에서 컬트 음료로 유행하기도 하였다. 즈브로카의 매혹적인 풍미가 미국에서는 문제가 되기도 했다. 1954년, 즈브로카에 함유되어 있는 쿠마린 성분이 쥐의 간에 악영향을 주고 혈액 희석제인 쿠마딘과 유사하다는 사실이 알려진 이후, 미국 FDA에서는 이러한 성분들을 가진 모든 식품 재료를 불법으로 규정하였다. 그렇게 즈브로카가 잠시 미국에서 사라졌지만, 쿠마린을 제거한 주Zu가 다시 미국으로 수출되기 시작하였다. 1944년에 서머셋 모옴Somerset Maugham은 자신의 소설 『면도날*The Razor's Edge*』에서, '즈브로카는 신선한 풀의 향과 타임과 라벤더의 봄꽃 향, 마치 달밤에 음악을 듣는 듯한 부드럽고 편안함을 준다'라며 한 번쯤 마셔 볼 만하다고 말한다.

즈브로카와 사과는 가장 인기 있는 조합이지만, 1937년 W.J. 탈링W.J. Tarling의 책 *Café Royal Cocktail Book*에 나오는 S.T. 야키모이치S.T. Yakimoitch의 레시피는 섬세하고 스파이시한 식전 칵테일로 사용될 만큼 이 술의 다재다능한 기능성을 잘 보여 준다.

재료

즈브로카 보드카 45*ml*
스위트 버무스 45*ml*
단지거 걸드바서Danziger Goldwasser 5*ml*
아로마틱 비터 1dash
압생트 1dash는 선택 사항
가니시 : 레몬 껍질

만드는 법

모든 재료를 믹싱 글라스에 넣는다. 얼음을 넣고 충분히 잘 저은 뒤 차가운 쿠페 글라스에 따른다. 가니시는 레몬 껍질로 마무리한다.

INDEX 1

[칵테일명 영문 인덱스]

INDEX 2

[본문 한글 인덱스]

ㄹ

ㅁ

ㅅ

ㅇ

ㅈ

ㅊ

ㅋ

ㅌ

ㅍ

ㅎ

작가 소개

채드 파크힐(Chad Parkhill)

채드 파크힐은 호주 멜버른 출신의 문화 비평가이자 작가이며 바텐더이다. 그에 관한 기사는 *The Australian*, *The lifted Brow*, *Kill Your Darlings*, *Meanjin*, 그리고 *The Quietus* 등에서 찾아볼 수 있다. 그는 현재 *Guardian Australiadp* 칵테일 칼럼리스트로 활동하고 있으며, 이 책은 그의 첫 책이다.

앨리스 오어(Alice Oehr)

앨리스 오어는 호주 멜버른 출신의 디자이너로 화려한 색채와 패턴 등으로 본인의 식문화에 대한 사랑을 표현하고 있다. 그녀의 작업은 원단부터 시작해서 홈웨어, 잡지, 책 그리고 멜버른의 스프링 레이싱 카니발Spring Racing Carnival의 이집트 조각상까지 매우 다양하다. 여행과 빈티지 포스터야말로 그녀가 가장 좋아하는 것이다.

감사의 말

먼저 Zora Sanders와 Sue Parkhil 그리고 Trevor Parkhil에게 무한한 감사를 전합니다. 그들의 사랑과 도움이 없이는 이 책은 절대로 존재할 수 없었습니다.

그리고 그 이전부터 많은 작업을 남겨 준 작가들과 바텐더들에게 감사를 전합니다. David Wonderich, Jared Brown, Anistatia Miller, Wayne Curtis, Jeff Berry, Bray Regan, Paul Clarke, Simon Difford, Dog Ford, Karen McNeil, Talia Baiocchi, Robert Simoneson, Jefferey Morgenthaler, Camper Enlgish, Dave Arnold, Toby Cecchini, Audrey Saunders 이외에도 일일이 언급드릴 수 없는 많은 분들에게 감사의 말씀과 그들의 저작에 대한 존경을 보냅니다.

또한 이 책을 위하여 자신들의 레시피를 기꺼이 공유해 준 여러 바와 바텐더에게 감사의 말씀을 전합니다. Honi Honi의 Stephan Levan, Harrison Speakeasy의 Andres Rolando, Bada Au Rum의 Thanos Prunarus, Gustu의 Bertil Tottenborg, The

Bowery의 Stephanie Canfell, Hawksmoor의 Irena Pogarcic, 그리고 Bar XIII의 Rolands Burtnieks까지 모든 분들이 매우 큰 도움을 주셨습니다.

또한 칵테일에 대한 책을 쓸 수 있도록 격려와 계기를 마련해 준 Rave의 Chris Harms, Emily Williams 그리고 Zuazanna Napieralski, The Lifted Brow의 Ronnie Scoott, Sam Cooney, 그리고 Stephanie Van Schilt, Junkee의 Melanie Mahoney와 Taryn Stenvei, The Guardian의 Steph Harmon, The Oxford Companion to Spirits and Cocktails의 David Wondrich에게 감사의 말씀을 전합니다. 이들의 도움으로 이 책이 세상의 빛을 볼 수 있었습니다.

또한 이 책을 펴내는 데 실질적으로 도움을 주신 Hardie Grant Travel의 편집부에게 영광을 돌립니다. Lauren Whyborw와 Melissa Kayser가 모든 일의 시작을 책임져 주셨고, Kate Armstrong은 모든 것들이 진행이 원활히 되도록 잘 안내해 주었습니다. Geroge Garner는 내용을 지금과 같이 세련되게 다듬어 주셨고 Eugnie Baulch는 매우 꼼꼼한 감수를 진행해 주셨습니다. Grace West와 Andy Warren은 책 내부를 매우 아름답게 정리해 주었고, 매우 아름다운 삽화를 그려 주었을 뿐만 아니라 가니시와 글라스에 대한 잡념을 정리해 준 Alice Oehr에게 다시 한번 감사의 말을 전합니다.

마지막으로 이 책을 쓰는 동안 저를 믿어 주고 많은 도움을 준 Heartattack and Vine 팀의 Emily Bitto 와 Nathen Doyle와 칵테일과 스피릿에 대한 많은 정보를 준, Bird of Paradise를 소개해 주기도 한, Matthew Roberts와 모든 팀원늘에게 감사를 표합니다.

80일간의 칵테일 세계 일주

초판 1쇄 인쇄 2018년 9월 5일
초판 1쇄 발행 2018년 9월 10일

지은이 채드 파크힐
그린이 앨리스 오어
옮긴이 성중용
펴낸이 양동현
펴낸곳 아카데미북
출판등록 제13-493호
주소 02832, 서울 성북구 동소문로13가길 27
전화 02) 927-2345 팩스 02) 927-3199

ISBN 978-89-5681-175-8 / 13590

이 도서의 국립중앙도서관 출판시도서목록(CIP)은
e-CIP홈페이지(http://www.nl.go.kr/ecip)와 국가자료공동목록시스템(http://www.nl.go.kr/kolisnet)에서
이용하실 수 있습니다. CIP제어번호 : CIP2018028214